生から死へ、死から生へ

生き物の葬儀屋たちの物語

ベルンド・ハインリッチ 著
桃木暁子 訳

LIFE EVERLASTING
THE ANIMAL WAY OF DEATH

化学同人

生から死へ、死から生へ　目次

序

死の秘密を知りたいのですか。
しかし、生の只中にこれを求めないで
どうやって見つかるでしょうか。
——ハリール・ジブラーン『予言者』より[1]

…地上は愛にふさわしい所、
これ以上うまく行きそうな所がどこにあるのか私は知らない。
——ロバート・フロスト「樺の木」より[2]

やあ、ベルンド、

わたしは重い病気と診断されていて、万が一思ったより早く死んだときに備えて、最終的処理を手配してもらうよう努力している。わたしは自然葬——どんな埋葬もしない——がいい。人間の埋葬は今日、死への入口としてなじまないものだからだ。

よいエコロジストならだれでもそう思うように、わたしは死を他の種類の生命に変わることだと思う。死はとりわけ、再生の熱狂的なお祝いでもあり、そこではわたしたちの実質がパーティを主催する。大自然の中では、動物たちは死んだ場所に横たわり、そうしてスカベンジャー（腐食性動物）のループに身を置く。結末はといえば、高度に濃縮された動物の栄養物が、ハエや甲虫などの大群によって地面一面にばらまかれる。一方、埋葬は、人を穴の中に閉じ込める。自然界から人間という栄養物を奪うことは、人口が六十五億人とすると、地球を飢死させることであり、それは棺を使う埋葬、つまり強制収容の結果である。火葬は、温室効果ガスの増加を考慮すると、そして一つの遺体を燃焼させる三時間のプロセスに費やされる燃料の量を考えると、選択肢にはならない。いずれにせよ、結論をいえば、選択肢の一つは、私有地で埋葬することだ。何が起こるか、たぶん想像してもらえるだろう。古い友人をキャンプの永遠の住人としてもつことについて、きみはどう考えるだろう。わたしは今、とても気分がいい。実際、これ以上気分がよかったことは人生で一度もなかった。だが、もう遅いかもしれない。

同僚でもある友人からのこの手紙は、ずっと前から魅力的だと思っていたあるテーマへとわたしを駆り立てた。それは、生と死の網目と、わたしたちのそれとの関係である。同時にその手紙は、地球規模と地域規模の両方のレベルで、自然という図式の中でわたしたち人間が果たす役割について、わたしに考えさせるものだった。「キャンプ」とよばれるものは、メイン州西部の山にわたしがもっている林地にある。その友人はそれより数年前、わたしの研究について論文を書くためにそこにわたしを訪ねて来ていた。わたしの研究は、当時、マルハナバチをはじめ、芋虫、ガ、チョウなど、ほとんど昆虫に関するもので、過去三十年間にはワタリガラスに関するものもあった。彼がわたしに手紙を書く動機になったかもしれないのは、ときに「北のハゲワシ」ともよばれるワタリガラスについての研究だったと思う。わたしのキャンプの周辺にいるワタリガラスたちは、友人や同僚やわたし自身が彼らのためにそこに用意した何百という動物の死体をあさり、リサイクルした。

わたしの友人も知るとおり、わたしたちは自分の遺骸が「翼に乗って」飛び続けているというビジョンを共有している。わたしたちは、自分の死後の生命がワタリガラスやハゲワシのような鳥の翼に乗って空を駆け回っていると想像するのが好きだ。ワタリガラスやハゲワシは、自然の葬儀屋のなかで最もカリスマ的な存在に数えられる。彼らが分解しまき散らす死んだ動物たちは、その後、生態系のいたる所ですべての種類の他のすばらしい生命に再構築される。自然のこの物理的な現実は、わたしたち二人にとって、ロマンティックな理想であるだけでなく、個人的な意味をもつような一つの場所につながる現実の鎖の環である。生態学的にいえば、このビジョンは植物も含み、自然の中でのわたしたちの役割を地球規模のものにもする。

科学としての生態学／生物学は、わたしたちを生命の網目に結びつける。わたしたちは文字通り天地創造の一部であり、何か後知恵の産物——モーセに押しつけられた十戒と同じくらい強力な啓示——ではない。厳密な聖書の解釈によれば、わたしたちは「塵」であり、「塵は元の大地に帰り、霊は与え主である神に帰る」(伝導の書、コヘレトの言葉十二・七)。「……土に返るときまで。お前がそこから取られた土に。塵にすぎないお前は塵に返る」(創世記三・十九)。

だが、古代ヘブライ人たちは生態学者ではなかった。もし創世記と伝導の書の有名な一節が科学的な正確さをもって述べられていたなら、それらの節は、二千年の間、理解されなかっただろう。読んだ人はだれ一人として、その概念を受け入れる準備ができていなかっただろう。「塵」は、物質、大地、あるいは土の隠喩である。しかし、わたしたちの頭の中では、「塵」ということばは単に土を示す。わたしたちは、まさに土から来て土に返る。初期のキリスト教徒がわたしたちの物理的存在の価値を下げ、そこから離れようとしたことは、驚くにあたらない。

しかし実際、わたしたちは塵から来ることはないし、塵に帰ることもない。わたしたちは生命から来るのであり、わたしたちは他の生命への導管である。わたしたちは、比較にならないほどみごとな植物や動物たちから来て、そこへ帰る。わたしたちが生きている間でさえ、わたしたちの廃棄物は甲虫や草や木々に直接リサイクルされ、それらの生物たちはさらにハチやチョウにリサイクルされ、さらにヒタキやフィンチやタカにリサイクルされ、そして草に戻り、さらにシカやウシやヤギ、そしてわたしたちにリサイクルされる。

わたしは、専門化した葬儀屋、つまりすべての生物が他の生物の生命となって復活するのを助ける者たちの重要な役割を調べることに、独創性があるとは主張しない。しかしわたしは、多くの読者が、進んでタブーを考察し、この話題をわたしたちヒトという種に関連する何かとして明るみに出すものと信じている。主に草食の動物から狩猟し死体をあさる肉食動物へと進化したヒト科動物として、わたしたちがもつ役割は、とくにこの話題に関連する。わたしたちの持続的な影響は世界を変えてきた。

生命は他の生命から来るのだ、個々の死は生命を連続させるために必要なことなのだ、という陳腐な決まり文句は、どのようなやり方でこれらの変換が起きるかを隠し、あるいはそれを見失わせる。悪魔は、よく言われるように、細部に宿る。

リサイクリングは、大型動物の場合にたぶん最も見た目に明らかな——そして劇的で壮観でもある――ものだが、はるかに多くのリサイクリングが植物で起こり、そこで大部分のバイオマスが濃縮される。植物は、栄養素を土壌と大気から化学物質の形で得る――すべての植物の身体は互いに結合したたくさんの炭素で構成され、それらの結合した炭素は後に分解されて二酸化炭素として放出される――が、それにもかかわらず、植物はまだ他の生命で「生計を立てている」。植物が自分の身体を作るために取り込む二酸化炭素は、細菌と真菌の働きで利用可能になり、過去と現在の生命の巨大な貯蔵池から大量に、気づかれないように、吸い上げられる。一本のデイジーや一本の木を構成する炭素の構成要素は、何百万という炭素源から来る。たとえば、一週間前にアフリカにいた腐りかけたゾウ、石炭紀の絶滅したソテツ、一か月前に大地に戻った北極のケシである。たとえそれらの分子が前の日に大気中に放出されたとしても、それらは何百万年も前に生きていた植物や動物から来たものである。生命のすべては、細胞レベルでの物理的な交換を通じてつながっている。この交換の正味の影響が、わたしたちが知るような大気を作り出したし、現在のわたしたちの気候にも影響する。

二酸化炭素は、酸素や窒素や、生命を構成する他の分子の構成要素と同様、地球規模で毎日、一つからすべてへ、すべてから一つへ、自由に交換され、貿易風によって、ハリケーンと風によって、大気の全体にわたって運ばれ、撹拌される。長い間、土壌中に封鎖されてきた分子は、長期間にわたってその地域社会の中で交換される。植物は、ムカデ、豪華なガやチョウ、鳥やマウス、そして人間を含むたくさんの他の哺乳類に由来する構成要素から作られる。植物による炭素の「摂取」は、まさに微視的な死体あさりの一種で、仲介者たちが他の生物を分解して自分自身の分子部品にした後に起こる。このプロセスは、ワタリガラスがシカやサケを食べるプロセスとは方法が異なる。シカやサケの肉はそれから、大きな、まだ完全に分解されていない窒素の小包として森中にばらまかれる。しかしそれは概念においてはちがわない。

一方、DNAは、主に炭素と窒素からできているのではあるが、厳密に組織され、生命の始まり以来働いてきた信じられないようなコピーのメカニズムを通じて、一個体の植物または動物から次の個体へと直接伝えられる。生物たちは特異的なDNA分子を遺伝的に受け継ぎ、それらの分子はコピーされて一つの個体から別の個体へと伝えられる。それでそのコピーのメカニズムは何十億年にもわたって常に保守的な家系を継続させてきて、その家系は新しいものを導入する革新を通じて、木々、ゴクラクチョウ、ゾウ、マウス、そして人間に枝分かれをしてきた。

わたしたちは、腐食性動物として生命の材料を再分配するという重要な仕事をする動物たちのことを考え、彼らが自然の葬儀屋として必要な「サービス」を提供することに関して、彼らを賞賛し高く評価するかもしれない。わたしたちは、自然の諸々のシステムが円滑に景気よくいくように保つ、生命を与える鎖の環として彼らを考える。わたしたちは、腐食者を捕食者から区別しがちである。捕食者は同じサービスを提供するが、それは殺しによってであり、わたしたちはそれを破壊と結びつける。しかし、自然の葬儀屋について考え始めるにつれて、わたしの頭の中では捕食者と腐食者の区別はぼやけてきて、ほとんど恣意的なものになった。「純粋な」腐食者は死んだ生物だけを食べて生き、純粋な捕食者は自分が殺したものだけを食べて生きる。しかし、厳密にどちらかだけという動物はほとんどいない。ワタリガラスとカササギは、冬には純粋の腐食者かもしれないが、秋にはベリー類を食べる草食動物であり、夏には、昆虫やマウスや、ほかにも殺すことのできるものなら何でも食べて生きる捕食者である。しかしある種の専門家で、独特の能力をもっている者は、一つのやり方で食物を見つけることに大部分の時間を費やす。ホッキョクグマはふつう、氷の中のアザラシの息継ぎ穴でアザラシを捕まえるが、ときどき、死んだアザラシを見つけて食べるだろう。ハイイログマは、自分で殺したカリブーも死んだカリブーも好むが、ほとんどの時間、植物を食べる。ハヤブサは、飛んでいる獲物を捕まえるすばやく飛ぶ鳥だが、ハゲワシやコンドルは一般に、けがをしていない生きた鳥を捕まえることができないので、大きくてすでに死んだえさに頼らなければならない。実際、ハゲワシやコンドル、ワタリガラス、ライオン、そしてわたしたちが「捕食者」として典型的に役をあてはめる動物たちのほとんどすべては、同じように進んで病気や半死や死んだ（できれば死んだばかりの）ものを食べる。彼らは、そうしなければならない場合以外、生きるために別の動物と戦うことはない。草食動物も、自分自身を防御する能力が最も低い生物たちを食べる。たとえばシカやリスは、クローバーやナッツをむしゃむしゃ食べるが、巣の中に鳥のひなを見つければよろこんで食べるだろう。厳密にいえば、草食動物は大部分の生命を食べる。一頭のゾウは毎日たくさんの灌木を殺すが、一頭のニシキヘビは一年に一度、一頭のイボイノシシだけを食べるかもしれない。

リサイクリングのしかたはおそらくさまざまに枝分かれしていて、ほとんど種の数だけ多様である。わたしは広い視野を提供したい。そして、メインにあるわたしのキャンプからアフリカのブッシュまで、いろいろな場所での個人的な経験から例をあげる。

〔1〕日本語訳は神谷美恵子『ハリール・ジブラーンの詩』角川文庫、二〇〇三年より引用

〔2〕日本語訳は中条愛子『ロバート・フロストの世界』九大出版会、一九九〇年より引用

I

小から大へ

サイズは、ある生物が生きることのできる生き方とその生物がもつことのできる形の重要な一側面である。それは、重力と戦うために必要とされる身体を支えるさまざまなシステムの種類と比率を決める。ある生物のサイズは、さまざまな気体と栄養物の拡散速度を決め、それらの速度は、最大代謝速度、要求される食物の量、隠れるために使われる場所の種類、そして必要な防御を決める。サイズは、一つの身体がどのように処理されるか、処理する者はだれか、処理屋たちはどのようにそれをおこなうかという点で重要である。埋葬は、わたしたちが「葬儀屋の仕事」と結びつけるものの一部で、処理の一部であることはめったにないが、処理の一部である場合、それは身体を取り除くことではなく、身体をある目的のために保つことである。

マウスを埋葬する甲虫

私は通りすぎる車窓からよく花を見る
その花は何の花か分からないうちに見えなくなる。
——ロバート・フロスト「通りすがりの一瞥」より[1]

ネコたちは、死んだ獲物の上に葉や草をかき集めて隠すかもしれないし、ある種のカリバチは、幼虫が安全に新鮮な肉をいつも食べられるよう、麻痺しているが生きている昆虫を、前もって建てておいた家に引きずり入れる。しかしわたしが知る限り、動物のある一つのグループ、すなわちモンシデムシ属に属する甲虫だけが、いつもきまって死体を適当な場所に動かし、それから丹念に埋葬する。人間は一般に、自分と同じ種すなわち人間と、代理人間となったペットだけを埋葬するが、人間とはちがってそれらの甲虫は、きわめて多様な鳥類と哺乳類を埋葬するのに、自分と同じ種類の昆虫は埋葬しない。彼らは死んだ動物たちを幼虫の食物源として埋葬し、その埋葬作業は、彼らの交尾と繁殖の戦略の中心的な部分である。

名前は多くを語るが、ときには誤解を招く。モンシデムシ属の学名のラテン語、ニクロフォルス（*Nicrophorus*）は、「死んだ」という意味のギリシア語のネクロス（*nekros*）と、「愛している」を意味するフィロス（*philos*）またはフィリア（*philia*）から来ている（*Nicro* はおそらく、この種を最初に名付けた人による綴りまちがいだった。科学の慣行によって、最初の名前が優先される）。けれども、「死を愛する」も厳密に正しいわけではない。この甲虫を「生命を愛する」またはヴィヴィフォラス（*viviphorous*）とよぶほうが、実際には適当だったかもしれない。なぜなら、彼らが死んだ動物をさがし出すことの目的は、まさにこれらのすでに死んだ動物から生命を作り出すことだからである。たとえば一匹のマウスの死体があれば、十四以上もの新しく生まれたシデムシを養うだろう。

シデムシは、マウスを葬る最上の葬儀屋である。彼らは際立って美しく、深い黒色をしていて、背中の輝くような鮮やかなオレンジ色の模様で飾られている。彼らの魅力的な生活環は、単婚と、親による子の広範な保護を含む。彼らはあまりにもありふれていて広く分布しているので、地球の北温帯（北緯約二十三度から六十六度）に住むほとんどの人は、その気になれば、夏の終わりに彼らを見ることができる。わたしは毎夏きまって彼らに会うが、それはわたしが彼らに死んだマウスや道路ではねられて死んだ鳥を与えるからにほかならない。

モンシデムシ属の甲虫（わたしが住む北アメリカ北東部の十種を含めて、世界で認められている種が六十八種ある）のロマンティックな話の筋書きは、二匹が死体のところで出会った後、ペアができる、というものである。雄は、マウスや他の適当な死体を見つけると、その上で逆立ちのような姿勢をとり、尻の先にある腺から臭いを出す。この「コーリング（呼び）」臭はそよ風に乗って運ばれて行き、もし雌がそれを検知すれば、彼女は風をさかのぼって飛んで来て彼と彼の死体を見つけ、そして彼らは交尾する（一方、もし雄がやってきたら、その雄は、マウスは自分のものだと主張する最初の雄によって攻撃的に排除されるかもしれない)。その雄と雌は、その死体を埋葬するときに協力するが、それは一つにはマウスの権利を主張するかもしれない他の者から死体を遠ざけるためである。それには、多くの場合、埋葬室を掘るのに適した土壌に死体を運ぶことが必要である。

シデムシはつかむことのできる足をもっていないので、ペアが死体を運ぶときには、死体の下にもぐりこんで、背中を下にあおむけに横たわり、足を上にして、地面を歩くというよりは死体を「歩く」。彼らが背中を地面に押しつけたままマウスを部分的に持ち上げることができさえすれば、死体は前進する。こつは、死体を望みの方向に動くようにすることで、実際、このシデムシたちはある特定の方向を選んでそれに固執する。驚くことは、わたしが思うに、ペアの二匹が両方とも、自分たちがどこへ行こうとしているのかを「わかっている」ようだということである。彼らは、でたらめではなく、同じ方向に死体を動かすからである。二匹がでたらめに動かせば、全く効果的ではないだろう。

死体を選ばれた場所まで運んで来た後、彼らは死体の下の土を両側に押し出して穴を掘る。しだいに穴は広がり、マウス(または他の小動物)の死体は、もう軟化しかけていて、穴の内側に折れ曲がり、だんだん土の中に沈んでいく。数インチ(一インチ=約二・五センチメートル)の深さまで死体を埋めてから、彼らは、死体の毛(または羽毛)を取り除きながら、死体を球状に丸め続ける。彼らは、肛門から抗生物質を分泌して死体にふりかける。この分泌物は細菌と真菌を殺し、こうしてこの価値ある食物の腐敗を遅らす。雌はそれから近くの土の中に卵を産む。数日後に幼虫が孵化し、死体のところへ這って行って、頂上のくぼみに定着する。両親は、幼虫が皮膚にもぐって進み、柔らかくなっている肉に入り込むことができるようになるまで、死体から取ったえさを吐き戻して幼虫に与える。留巣性の鳥のひな（裸で無力の状態で孵化するもの）の両親と同じように、成虫のシデムシはキーキー声を出して、幼虫にえさをやる準備ができていることを知らせる。それに答えて、鳥のひなと同じように、幼虫たちは立ち上がり、口移しで直接えさをもらう。幼虫は、もう少し成長すると自分でえさをとるが、しかしまだ両親の夕食の呼び声で集まって直接えさをもらうかもしれない。数日後、雄はふつう地面の上に出てきて別の死体を探し、別の家族を作る。雌はふつう、もっと長く幼虫とともにとどまる。

一週間から十日経つと、完全に成長した幼虫は周囲の土に穴を掘ってもぐり、そこでさなぎになる。最も北の種では、彼らは今いる場所で冬を越し、次の春か夏に成虫として羽化するが、季節的なタイミングは種によって異なる。

モンシデムシ属の生活環は、百年以上の間、かつてないほど深く詳細に研究されてきたが、今でもまだ不思議がいっぱいである。最新の研究は、生活環のホルモンによる調節と、シデムシの種間の差に集中してきた。たとえば、一つの種では、動物の死体よりもむしろヘビの卵を埋葬する。ふつう、埋葬の行動は、わたしの日誌のメモが示すとおり、さきほど述べたパターンに従う。

二〇〇九年八月十一日　午後五時。今朝、外に出しておいた新鮮なマウス［シロアシマウス］はもう見えない。それは一匹のモンシデムシによってほとんど埋葬されようとしている。わたしが地面から死体をひっぱり出すと、死体の上にはその一匹のモンシデムシだけがいた。

二〇〇九年八月十二日。マウスは再び埋葬される。それはわたしが午後三時に調べたときのことだった。予想どおり、今は一組のペアが死体の上にいる。

その年、わたしは八月二十七日にキャンプに戻った。そして十日後に、埋葬されていたマウスを掘り出した。わたしが見つけたのは頭蓋骨と一塊の毛皮だけで、それと一緒に、十五匹から二十匹のモンシデムシの幼虫が垂直にびっしり積み重なって、そのマウスの最後の残りを食べていた。ハエのウジはいなかった。

十日前に訪れたとき、わたしは、もっとマウスを捕まえようとキャビンにトラップをしかけておいたのだが、今や柔らかくて悪臭を放つものから干上がった（そしてこれも悪臭を放つ）ものまで、さまざまな腐敗段階の五匹の死体が手に入った。モンシデムシのために死体を外の地面に配置する前に、わたしは一つ一つの死体を白いひもでくくり、ひもの先に異なる数の結び目をつけて、死体が埋葬された後に見分けられるようにした。わたしがマウスを置いてからほんの数分後に、最初のシデムシたちが羽音をたてながらやって来て、臭いに向かって行った。飛んで来て数秒後に、彼らは地面にぽとんと落ちて、触角を振りながら一匹のマウスに直行した。

二時間後には、一匹のマウスに七匹のシデムシがいて、死体の上や下を這いまわり、キーキー鳴いていた。わたしは、これほどたくさんのシデムシが一匹のマウスのところにいるのを見て驚いたが、しかしこの死体は半分干上がっていて幼虫の巣として役に立たず、だからその死体の権利を主張しようとするペアによって強力に防衛されているようではなかった。わたしは、彼らが音を出すのにもびっくりした。甲虫類は耳がないからである。音は身体の一部分をこすり合わせる摩擦によって出される。輝くヒロズキンバエ（クロバエ科のハエ）が、卵を産む準備を整えて、やって来た。卵は数時間で孵化して腹を空かせたウジになるだろう。ときおり、ハエを探すスズメバチの一種、ホワイトフェイスト・ホーネットが飛んで来て、地面近くをパトロールし、あちこちに急降下するが、彼らの潜在的な獲物はだいたい、彼らが到着してまもなく姿を消した。

シデムシのいくつかのペアは、他の二匹のマウスの死体で出会い、一時間経たないうちに、土を掘ってマウスが落ちる穴を作って、死体を埋葬してしまっていた。こうして彼らの賞品は、ワタリガラスやヒロズキンバエのウジや他の甲虫類などの競争者の前から取り去られた。シデムシたちは身体中にダニをもっており、まるで寄生虫に寄生されているようだった。しかしこれらのダニはシデムシの同盟者である。彼らは、マウスが埋葬される前にマウスに乗ったヒロズキンバエの卵を殺すか食べてしまうからである。

次の夏、わたしは、葬儀屋たちを再び観察するために、一匹のトガリネズミ、新鮮なブラリナトガリネズミをプレゼントした。このトガリネズミは、毒牙と不快臭をもつ数少ない哺乳類の一つで、ほとんどの捕食者もこれを殺すとすぐに捨ててしまう。イエネコはよくこの動物を室内に持ち込むが、ほとんどの人はこれらを、短い灰色の毛と尖った鼻をもっているので、モグラだろうと思う。モグラがもつシャベルのような前足はないのだが。トガリネズミの類は北の森で最もふつうの動物に数えられるが、この種のものは、大部分のトガリネズミとはちがって、地下で暮らしているので、めったに目撃されない。

それは二〇一〇年八月五日のことだった。わたしは、前の晩遅くにそのブラリナトガリネズミをキャンプに持って来て、横に傾けた清潔なスパゲッティソース・ジャーに入れてキャンプのドアのすぐ外に置いておいた。翌朝六時に、コーヒーとトーストをとって、長くとぎれないシデムシ観察の時間に打ち込む用意ができてから、ちょっと見ようと外へ出た。四匹のシデムシが待機していて、彼らは、鮮やかなオレンジ色の縞が入った黒く光沢のある豪華な衣装を身にまとって、トガリネズミの濃い灰色の毛皮の上に魅力的な絵を描いていた。彼らはすべてモンシデムシ属のトメントススだった。胸部に短い黄色の綿毛をもつ種である。彼らはすでにトガリネズミをジャーから取り出していて、一組のペアがその下にいて、ジャーの口の向こうの地面づたいにトガリネズミを持ち上げていた。他の二匹のシデムシは、はるかに小さいもので、十センチメートル離れたところにいて、ジャーのふたの下に隠れているようだった。この二匹は少なくともその後一時間、大きなペアがトガリネズミを動かし続ける間、そこにいた。

戸口の上り段の近くの地面はしっかり固められている。そこは、シデムシが彼らの賞品を埋葬するのに適した場所ではなかった。たがいに独立して、その二匹はあらゆる方向にくり返し遠足に出かけ、ときには六十センチメートルも遠くまで出かけて、あたかも埋葬のために死体を持ち込む場所をさがしているかのようだった。それから彼らはトガリネズミのところに戻り、その後、別の方向に出かけて行くのだった。どのようにして彼らは、毎回、戻る道がわかったのだろうか。自分が来た道を覚えていたのだろうか。たしかめるために、わたしは一匹のシデムシを途中でつかまえ、その前にスプーンを置いて、スプーンの上を歩くように誘導し、その後、死体から二フィート（約六十センチメートル）離れたところで放した。そのシデムシは、探す様子もなく、まっすぐ死体の方へ歩いて行った。そのあたりの地面の起伏を覚えていたのだろうか。わたしは、もう一匹が死体から六十センチメートル北を探査しているときに途中でつかまえ、トガリネズミの一メートル半南で放した。もしこのシデムシが直前の経路を思い出すことによって移動するなら、今度はトガリネズミから遠ざかって走り続けるはずだ。このシデムシは少しの間そこにとどまり、それから飛び立って、直接死体に戻って行った。わたしは今度は、二匹のうちの一匹をつかまえて、前と同じように一メートル半離れたところに置いたところ、このシデムシは羽づくろいしてから、同じように直接死体のところに飛んで戻った。もう一度、わたしは彼らの一匹を死体から一メートル離れたところに置いた。このシデムシは、探査するかのようにいくつもの小さな円を描いて回転してから、トガリネズミに戻る直線を歩き始めた。

これらのシデムシたちは、わたしがあり得ると思っていたレベルよりもかしこいように見えた。もっと実験をしてみてもよかったのだが、彼らの帰巣能力の謎はずっとわたしの頭に残ったままである。しかし、わたしはこれらの個体に干渉することをやめなければならなかった。このとき、わたしは主に彼らの死体の扱いに関心があったからだ。

その間に、ジャーのふたの下に隠れていた小さいほうのシデムシの一匹が出てきて、まっすぐ死体のところへ行った。ペアから死体を盗み去ろうというのだろうか。いや、このシデムシの意図ははっきりしていた。そこに着いた瞬間、彼（！）はペアの大きい方に飛び乗って彼女と交尾したのである。それはほんの数秒のことで、その後、彼はすぐに立ち去り、再び隠れた。このときは約三十センチメートル離れた土の上にあるはがれた樹皮の下だった。ここでは、それまで予想していたよりもずっと多くのことが起こったので、わたしは観察を続けた。

午前七時十五分、別のモンシデムシの仲間が飛んで来た。この個体は、少なくとも一分間、旋回を続けてから、ようやくトガリネズミの死体に着陸した。ほとんど間髪を容れずに、そこの住人の雌と交尾した。それからまた別の個体が飛んで来て、同じことが起こった。注意を一身に集めているこの雌は、まったく中断することなく死体のまわりを這い続けた――死体の周囲や下に行き、埋葬しようとした。わたしは、ペアが侵入者と戦って撃退する「はずだ」と思っていたが、なんの戦いも見なかった。このときまでに、トガリネズミはジャーから約三十センチメートルだけ動かされていたが、まだこちこちに固まった地面の上にあり、近くに柔らかい土はなかった。

二度目の交尾は、これもほんの数秒かかっただけだが、その後にわたしは、やって来た雄をスプーンで拾い上げ（彼に直接手を触れないよう、びっくりさせないよう）、彼が死体のところに、あるいは彼女のところに戻るかどうかと思って、死体から一メートル半のところに落とした。彼はまったく動揺していないように見えた。彼は、わたしが落とした所にただとどまり、次に衝動的に自分の身体を掃除した。両脚を使って腹をこすり、それから頭と触角をこすり、それから両脚をこすり合わせた。それを終えると、彼は少しの間ためらい、それから飛び立って旋回した後、死体から少なくとも三メートル離れたサクラの枝に舞い降りた。そこでわたしは彼の写真を撮った。そのときわたしは、彼がダニで覆われていることに気がついた。彼が交尾している間は、ダニをまったく見なかった。そのときには、背中の鮮やかなオレンジ色の縞が目立っていた。今は、ダニが彼の背中全体に付着していて、ほとんど完全にオレンジ色を覆い隠し、その結果、彼はピンクがかった茶色に見えた。ダニたちは、彼をカムフラージュしていた。しかしそのダニたちは、彼が飛び立つ直前にはどこにいたのだろうか。

ダニたちにとって、シデムシは単にもっと新鮮なハエの卵にたどり着くためのヒッチハイクの乗り物にすぎない。一匹のシデムシが一つの死体を見つけるやいなや、ダニたちは飛び降りてえさをとり、そのシデムシが出発するとき、おそらくまた飛び乗るのだ。

ある友人が最近わたしに話してくれたのだが、その友人は、いくらかの腐りかけた肉を入れた缶の中にいる数匹のシデムシをつかまえた。後でのぞいてみると、二匹は死んでいて、二匹は死にかけていた。彼は、ダニたちが「死にかけの二匹を生き返らせようとするかのようにその身体全体を歩き回っている」のを見た。その一匹は実際に生き返った。そしてそのとき、その虫の身体に乗っていたダニたちはすべて、鞘翅の下に急いで移動した。ダニたちはシデムシがそこを去ろうとしているのを感じるのだろうか、とわたしは思った。これはばかげた考えではない（もちろんわたしは、意識的な認識があると推察するのではないが）。なぜならこのシデムシは、飛び立つ前に体温を上げるために身体を震わせただろうし、その振動あるいは体温の変化がダニへの信号となって、ダニたちは安全に運ばれることができるようにくっついたかもしれないからである。

もう一匹のシデムシが午前八時頃に飛んで来たが、見たところその他のシデムシたちと同じ意図をもっていて、そのシデムシはただ腐肉を食べようとしているのではなかった。大事なことから片付ける、つまりすぐに交尾をした。さらに別の一匹が八時十五分にやって来た。しばらくの間、死体には五匹のシデムシがいたが、三匹はやがて急に歩き出して、近くの地面にあるごみの下に隠れた。最初のペアだけが最終的に死体に残った。これらの小さな事件のすべてが何を証明するのかよくわからないが、これらの事件は、シデムシの一般にいわれる単婚性について、わたしに疑いの念を抱かせた。

わたしがシデムシたちをながめていた二時間半の間を通じて、キーキー鳴く声が何度もくり返し聞こえた。それらの音は死体のところでだけ発生したのだが、わたしはその音がそのペアによって出されたと思う。なぜなら、彼らがそこに二匹だけでいるときも他のシデムシが加わったときも同じくらいその音が聞こえ、したがってキーキー声はおそらく二匹の間の一種のコミュニケーションだったからである。

午前中、気温が上がるにつれ、緑のヒロズキンバエと青のヒツジキンバエの両方が飛来し始めた。数匹の赤いヤマアリ属のアリも現れた。それらのアリは、夏の早いころにわたしのキャビンの屋根の空間に移動していたものである。シデムシたちはこれらの訪問者に注意を払っていないように見えたが、このトガリネズミは埋葬されようとしているのではないことがもうはっきりしていた。ちょうどよく柔らかい土までの距離は、このペアがそれをそこまで運ぶには遠すぎた。この賞品は今やハエやアリのものになるか、または成虫のシデムシの食物あるいはセックスの資源になるかだった。それは、ペアが自分たちの子どもを育てるための場所と資源になる運命にはなかった。

わたしは、展開中の物語をできるだけ完全に記録するために、そのシデムシたちがその日の残りの時間、トガリネズミを動かそうと試みるのを見守った。正午には、日陰の気温はカ氏八十六度（セ氏三十度）まで上がっていたが、そのときまでに八匹ものシデムシ——すべてモンシデムシ属のトメントスス——が同時にトガリネズミの死体にいた。わたしはほとんどとぎれなくながめていて、さらに十四回の交尾を観察した。一方、わたしは格闘を二回だけ見たが、それぞれ数秒続いただけだった——本当の闘争はなかった。ペアは結局、一メートルほど遠くへトガリネズミを動かしてから、動かすのをやめた。死体はまだ固まった土の上にあった。ヒロズキンバエやヒツジキンバエはたくさんいたが、卵は見なかった。わたしは一匹の大きなイエバエが生きた幼虫を産み落とすのを観察したが、ウジは見なかった。

正午までに、シデムシたちはついにトガリネズミの腹の皮膚に噛んで穴をあけていた。少なくとも二匹は死体の中に入り、どうもそこでえさをとるか、さもなければ、外へ出る道を見つけようとしていたらしい。皮膚があちこちで波打っていたからである。そのとき以後、死体はその場所から少しも動かなかった。午後三時までに、残ったシデムシは一匹もいなかったが、その夜、八時四十五分に、わたしは二匹が死体の下に戻っているのを見つけた。

翌日、わたしは死体を開いて、一見新鮮そうな肉があるのを発見したが、ウジは一匹も見なかった。前の日には何十匹という緑のヒロズキンバエと青のヒツジキンバエがシデムシと一緒に死体の上にいたにもかかわらずである。わたしはトガリネズミを柔らかい土の上に動かした。それからその日の残りの時間、死体の上に二匹より多いシデムシがいることはなく、死体はそのペアが最終的に埋葬した。

マウスとトガリネズミはこれらの葬儀屋にとって扱えるサイズのものだが、わたしは、彼らがはるかに大きすぎる何か、たとえば超大型「マウス」――道路で死んだ一匹の新鮮なハイイロリス――を得たとしたら、何が起こるだろうかと思った。その切り開かれたリスをキャビンのそばの地面に置いてから最初の二時間に、それは五匹のモンシデムシ属トメントススを引きつけた。翌日、最高十八匹のこのシデムシがいちどきに死体にいて、そのうち一匹から四匹が「コーリングして」いた（尻を空中で上に向けてじっと立って、他の個体を誘引するために誘惑の臭いを出していた）。より多くのシデムシが飛んで来る一方、他の者は去って行った。だが、わたしはペアができている証拠は見なかった。大部分のシデムシは肉を食べていて、手当たりしだいの見せかけの交尾がたくさんあった。

翌日、気温はカ氏七十五度から五十五度（セ氏約二十四度から十三度）に下がった。ヒロズキンバエやヒツジキンバエはすでにほとんどいなかったが、今はシデムシのすべてが去った。ほとんどのシデムシは歩いてリスの死体から三十センチメートルから二メートル離れて、葉の下や土の中に隠れた。一羽のワタリガラスがやって来て、まだほとんど新鮮な肉がついた死体を持ち去り、シデムシが何をするのか調べようというわたしの試みを終わらせた。

わたしは、もっとくわしい全体像が得られるようにと、一羽の雄のニワトリにリスの代わりをつとめさせることにした。わたしは、完全に羽毛で覆われた一羽の死んだチャボの雄を、腹を下にして（しかし切り開いていない状態で）森の中の地面に置いた。気温はカ氏八十度台後半（セ氏約三十度〜三十二度）で、翌日、わたしがそのチャボをチェックしたとき、それはすでに何百匹ものヒロズキンバエを引きつけていて、そのウジたちは数日のうちにそのチャボをすっかり食べてしまうかもしれなかった。チャボの羽毛は、何千個とはいわないまでも何百個という白いヒロズキンバエの卵で覆われていた。わたしがチャボをひっくり返してあおむけにすると、十数匹のモンシデムシの仲間が四散した。チャボの周囲の枯れ葉は、栓を開けたシャンパンの瓶のようにシュッシュッと音を立てた。すべてのシデムシはすばやく走って落ち葉の下に隠れようとしていた。わたしは彼らを見てあまりびっくりしたので、一匹もつかまえられなかった。

この死体のところで、わたしは数種のモンシデムシ属のシデムシに気がついた。種間でどれほどの色とサイズのバリエーションがあるのか知らなかったので、それらのシデムシがどの種であるかを知るためにそれらのすべてをくわしく調べるべきだろうかと、考えた。それぞれの種のペアが一つだけ残るまで彼らが戦いぬくかどうかを見るために、待つべきだろうか。あるいは、すべてのシデムシがある程度「協力して」、ハエたちに今にも乗っ取られそうなのを阻止するのだろうか。わたしはただ待って、何が起こるか見ることにした。

翌日には、もっと多くのモンシデムシ属のシデムシがチャボの死体の上にいた。おもしろいことに、気温はカ氏八十度台（セ氏約二十七度～三十二度）が続いていたのだが、もうヒロズキンバエはいなかった。もっとおもしろいことは、羽毛の上に産み落とされていたヒロズキンバエの卵のすべてが今ではしなびているように見えたことだ。それらの卵は見たところすでに死んでいた。一匹のウジも見えなかった。チャボの皮膚は、新品のように見えた。まるで滅菌されたようだった。わたしが見ていたのはシデムシがそれらのハエと戦った結果で、ここではシデムシたちが勝っていた。この大きな死体にいるたくさん（約二ダース）のシデムシはおそらくウジとの競争をすでに減らしていた。ウジたちはふつう死体を覆い尽くして、死体のすべてまたは大部分を自分のものだと主張する。しかし、これほど多くのシデムシがいると、一匹一匹は代償を払った。二組以上のペアが一つの死体を共同で使って繁殖する場合、比較して大きい個体は卵巣の発達を促すよう刺激されるが、一方で小さい個体の発達は遅れるからである。わたしは、このドラマが最後まで演じられて、そのようなはっきりした劇的な結果を生み出すのを見られて、うれしかった。

何種のシデムシがその死体を利用していたのかを調べるために、わたしは彼ら全部をつかまえる必要があった。わたしは数時間の間、そのシデムシの群れがチャボの下に再び集まるにまかせた。そしてわたしは、そこに戻ると、シデムシたちの逃走路を制限するために、死体のまわりにある散らかった葉やばらばらの土をすべて注意深く取り除いた。それから、シデムシたちを放り込む準備のできた口の開いたジャーをもって、わたしはチャボをひっくり返し、捕まえ始めた。目撃することができたすべての走っているシデムシを捕まえてから、わたしは掘り始めた。死体を隠したシデムシたちは目撃しやすいとは限らない。なぜなら、死体を埋めたシデムシたちの二次的な防御は死んだふりをすることだからである。彼らは脚を伸ばして丸まり、ちょうど死んだ標本のようなのである。彼らは、暗い色の土を背景に暗い色の身体の下側だけが見えるように、身体の側面または背面を下にして横たわる。背中のあざやかなオレンジ色の斑点は見えない。彼らの巧妙な回避策にもかかわらず、わたしは三十九匹のモンシデムシ属のシデムシをいっぺんにつかまえることができた。それらは四つの異なる種からなることがわかった。

わたしはさらに五日間、シデムシを集め続けながら、チャボの死体の運命を追った。全部で七十四のシデムシが集まった（五十八匹がモンシデムシ属のトメントスス、九匹が同オルビコリス、二匹が同デフォディエンス、一匹が同サイ）。圧倒的多数のトメントススは、わたしがその月に置いておいたマウスやトガリネズミやシマリスのたくさんの死体にペアでいるのを観察したのと同じ種である。このチャボの埋葬はなく、ハエがそのチャボを取ることもなかった。死体はウジがつかないままだった。六日目の夜、死体はついに大きな動物、たぶんスカンクかアライグマによって持ち去られた。

ここにはわたしがそれまでに解くことができたたくさんの謎にもまして多くの謎があって、これらの結果はいっそう刺激的なものに感じられた。しかしいつものとおり、わたしの観察から得られた最も驚くべき新事実のいくつかは、わたしが最初に探し求めていたこととは関係がなかった。今回は、つかまえたシデムシの何匹かをわたしがもう一つのジャーに放り込んだとき、何かふつうでないものがわたしの目をとらえた。

さきほど言ったように、自分たちが乗っている死体になんらかの「捕食者」がやってきたときにこれらのシデムシがとる第一の逃走戦略は、走って隠れて、それから土にもぐることである。どのように彼らが「死んだふり」をするかはすでに述べたが、わたしがつまみ上げると、彼らはすぐにその防御手段に見切りをつけて、その代わりにわたしにかみついた。ジャーの中で、これらの三つの選択肢が使えない状況で、何匹かのシデムシはある別の戦術を試した。それは飛び出すことだった。わたしは、そのジャーの中にいる一匹のシデムシを注意深く見つめ、鮮やかなオレンジ色の斑点のついた黒い背に感心していた――それらの斑点が美しいからというだけでなく、その斑点によってどの種かわかるからである。わたしは、この鮮やかなオレンジ色と黒が、わたしの目前で一瞬のうちに、そのシデムシが飛び立つ瞬間に輝くレモンイエローに変わるのを見てショックを受けた。それはどういうことだったのか。

現在生きている多くの昆虫と同じように、甲虫類の祖先は二対の翅をもっていた。今ではしかし、彼らは翅を一対だけもっている。もともとあった第一の対は二つの部分からなる固い殻、つまり鞘翅

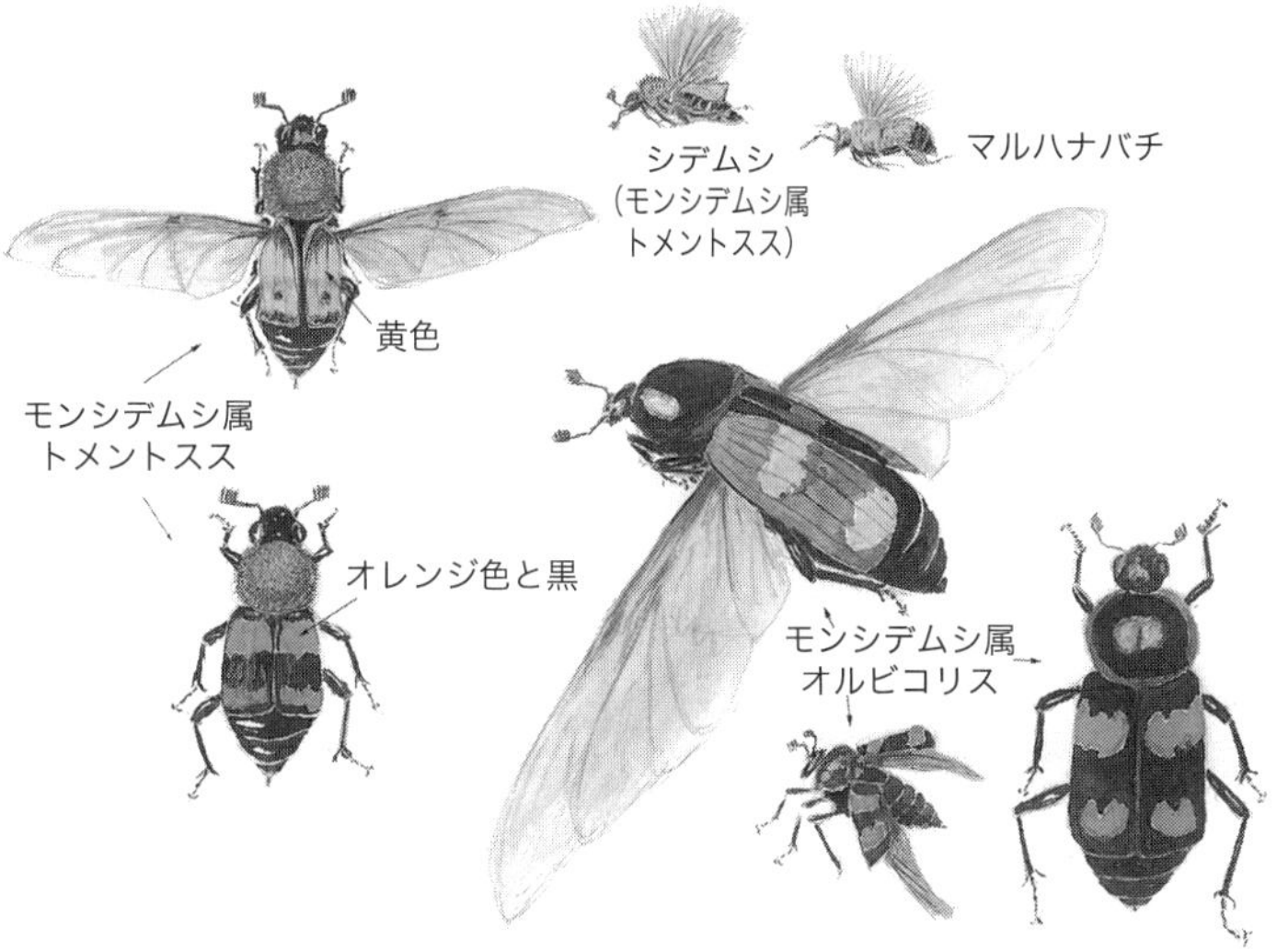

小動物の死体を利用するシデムシの二つの一般的な種であるモンシデムシ属トメントスス（左）と同オルビコリス（右）が飛んでいるところと、地上にいるところ。他の甲虫類とはちがって、どちらの種でも鞘翅はよじれている。鞘翅の下面が背側になって鮮やかな上面を隠すので、飛行中の個体は黄色のマルハナバチを擬態することになる。（いちばん上のシデムシとマルハナバチの比以外の縮尺比は実際と異なる）

に変化していて、それは飛ぶときには役に立たないが、翅が使われていないときに翅を覆う鎧として働く。鞘翅はしばしば装飾的である。甲虫類の膜性の翅はふつう少なくとも体長の二倍の長さがあるが、使われないときは引き出しにしまわれたシーツのように折りたたまれ、鞘翅の下にしまわれている。甲虫の大部分の種類では、鞘翅はふつう飛行中に両側に受動的に広がっているか、または単に背中を覆ってたたまれているかである。どちらの場合も、見ている人に色の変化は見えない。しかしわたしは劇的な色の変化を見たのだ。それともわたしは幻を見ていたのか。

　わたしは、死体の近くを飛んでいるシデムシたちにオレンジ色を見たことがなかったことに気がついた。わたしは黄色を見ていたのだが、それはモンシデムシ属トメントススの胸部が黄色の綿毛で覆われているからだろうと思っていた。今わたしは、このシデムシの飛行がすばやく気まぐれなせいで、オレンジ色と黒を見落としていたのだろうかと思った。もう一度見てみたが、黄色だけだった。わたしが見られなかったことをカメラは見るかもしれない、と判断して、わたしは飛んでいるシデムシの無造作なショットを何枚か撮った。数枚のぼやけた写真が何とか得られ、それらの写真はわたしの直感を裏付けるのに十分だった。飛行中のシデムシの背中は黄色だったのである。

　わたしはそれから、生きたシデムシと死んだシデムシの両方を調べた。彼らが飛んでいるときのように鞘翅を両側に押し開いて腹部の上面を露出させてみると、それは黒であることがわかった。しかし、生きたシデムシでも死んだシデムシでも、鞘翅を持ち上げると、それは自然に回転し、外側の縁が内側に向いてよじれた。それから、鞘翅を背の方へ動かすと、以前は外側だった面が内側を向くように腹部を覆う位置で動かなくなった。言い換えれば、この鞘翅は、わたしたちが知る限り他のどんな甲虫類ともちがって、背側を下に向け、以前は隠されていた腹側を上に向けて、背中を覆って動かなくなるのである。そしてこの、以前は隠されていた鞘翅の腹側は……レモンイエローなのである。したがって、このシデムシの色の変化の「秘密」は、黄色の下面が飛ぶときには露出されるということである。世界の他のすべての甲虫類では（わたしが知る限り）、鞘翅の上面は休息中も飛行中も上

離陸前と着陸時のモンシデムシ属トメントススの鞘翅ねじりの詳細、およびこのシデムシと同時に存在するいくつかのマルハナバチの種の一つ（中央）。一連の流れは、オレンジ色と黒（下の三つのシデムシ）から黄色（上の三つのシデムシ）への色の変化を示す。

を向いたままである。

瞬時に色が変わるこのメカニズムは、たぶん知られているとしても、それまで科学文献に記載されていなかった。しかしその意味は何だったのだろうか。何のためであり得ただろうか。この色の変化のメカニズムはこの種に特有のものであり、鮮やかなオレンジ色を隠したので、そのおかげでモンシデムシ属のトメントススは飛行中のマルハナバチの説得力のある擬態者になった。それは一つの興味深い機能を示唆した。

四十六種くらいある北アメリカのマルハナバチの大部分は、黄色の柔らかい毛で目立つ黒い身体をもっている。これらの種のうち七種は、さまざまな分量のオレンジ色も身につけているが、この色はいつも黄色で縁取られていて、シデムシの場合のように黒い帯に対してはっきりしたコントラストをなすことはない。モンシデムシ属トメントススが夏の終わりに飛んでいるときには、ふつう、多いときで七種の黒と黄の種（マルハナバチ属アフィニス、同ヴァガンス、同ビマクラトゥス、同サンデルソニ、同インパシエンス、同ペルプレクス、同グリセオコリス）のハチの働きバチが多数いるが、それらの種はほとんど同じ色パターンをもっていて、区別するのがむずかしい。鞘翅を裏返して、飛んでいるトメントススは一瞬のうちに、これらのマルハナバチのどれにでも確実に擬態することができる。口の中を刺されるリスクがあるので、マルハナバチを襲おうとする鳥はほとんどいない。他の大部分のシデムシとはちがって、トメントススはこうして日中に飛んで、死体を探すことができる。他のシデムシは夕暮れ時や夜の闇の下で死体を探さなければならない。

ほとんどのシデムシは、単にマルハナバチとサイズが同じくらいで、それゆえに飛行中に同じようにブンブン音を立てるというだけの理由で、マルハナバチを擬態するように見えるかもしれない。しかし、モンシデムシ属トメントススは、胸部の黄色の綿毛を獲得することによって、そして鞘翅の下側の黄色を進化させることによって（博物館の標本は色があせている）、さらに大きく一歩先に行ってしまった。わたしは、チャボの死体で捕まえた他の三種の真新しい標本で鞘翅の下側の色を調べた。どれもレモンイエローではなかった。ただし、デフォディエンスはオレンジイエローだった。オルビコリスとサイはグレーがかった、すなわち汚れた白だった。

この鞘翅裏返しのメカニズムはおそらく、シデムシが着陸する瞬間にわたしが見た、背中のダニたちの異常をも説明する。シデムシが飛んでいる間は、ダニたちは胸部だけでなく鞘翅の「下に」、つまり論理的に安全であるべき場所にも付着していて、シデムシが着陸して鞘翅を裏返して再び黒の上のオレンジ色の模様を見せる瞬間、まだ位置を変えていなかった。

興味深い活動としてシデムシをながめる、という考えは、たぶんわたしの父から伝えられた。そして二十年ほど前に、わたしはこの興味を上の息子のステュワートと共有した。彼は当時十歳で、わたしと一緒にキャンプに滞在していた。わたしは彼が興奮したのを覚えていて、以前、そのことを『メインの森での一年』に書いていた。それでわたしはその本を調べてわかったのだが、わたしたちは「シデムシがそれを埋葬するかどうかを見るため」に、一匹の死んだシロアシマウスをキャビンの裏のおがくずの上に置いていた。一時間後に確認したときには、マウスはなくなっていたが、ステュワートはそれがどこに埋葬されているか見つけて掘り出した。わたしはそれから死体を新しい場所に置いたが、このときはステュワートはすわって眺めていた。彼が見たこと、言ったことは、今、わたしを驚かす。彼は、一匹のシデムシが、腹部を持ち上げながら（配偶者を引きつけるために臭いをまき散らしながら）、掘ることとじっと留まることを交互にくり返すのを見た。その後、もう一匹のシデムシが飛んで来るのを見て、彼はこう言った。「それはちょうどマルハナバチのような音を立てていて、ぼくはシデムシが着陸した直後にまだ翅を開いたままなのを見た。そのシデムシは、ちょうどマルハナバチのように、背中に金色の綿毛があった」。わたしは今、彼が言う「背中」が、黒い腹部を覆うひっくり返った鞘翅の黄色であることがわかる。そのときは、わたしはおそらく、彼がシデムシの頭部と胸部だけについて言っていると思った。子どもの目で見ることは先入観なしに見ることであり、それはまた、知識と結びついたとき、発見をする前提条件となる。鞘翅の回転を含む瞬時の色変化についてのわたしの発見は、科学雑誌で報告するに値するので、わたしは自分の発見をくわしく書いて、その論文を『ノースイースタン・ナチュラリスト』誌に投稿した。論文は科学者の同僚たちによって査読され、出版のために受理された。

シデムシは、今でもありふれた昆虫で、新鮮な肉を差し出せばだれでも発見できる。彼らを探しに行く必要はない。彼らのほうから来てくれるだろう。モンシデムシ属の昆虫は大部分、絶滅の危機にさらされてはいない。にもかかわらず、モンシデムシ属アメリカヌス、つまりこのグループで最大で、体長が平均三センチメートルだがときには四センチメートルに達することもあるシデムシは、アメリカ合衆国の絶滅危惧種の一つである。この種は、以前の行動圏の九十パーセントから消滅している。以前の行動圏は少なくとも三十五の州を含んでいたが、今ではこの種はたった五つの州にしか見られない。他のシデムシはたいてい体長がこの半分だが、他のすべてのシデムシとはちがって、モンシデムシ属アメリカヌスは頭部、胸部、触角に鮮やかなオレンジレッドの散し模様がついている。なぜこの種がそれほど大きいのか、なぜそれほどオレンジレッドが多いのか、なぜ他のほとんどの種が絶滅の危機にさらされていないのにこの種だけが絶滅の危機にさらされているのか、この種の生物学について十分なことが知られていないので、説明できない。モンシデムシ属の昆虫は、生息場所と食物の特有の特徴がある。そのうちの一つの種、ツノグロモンシデムシは、死体をミズゴケの中にだけ埋葬する。別の種は、前に述べたように、ネズミや他の小型動物の死体よりもむしろヘビの卵を埋葬する。一つの仮説によれば、モンシデムシ属アメリカヌスはリョコウバト（二十世紀初頭に絶滅）に専門化していた、そして今や、彼らの行動圏の大部分で、きまって利用できる同じようなサイズの死体が十分にないのである。

〔1〕日本語訳は、中条愛子『ロバート・フロストの世界』九大出版会、一九九〇年より引用

一頭のシカの送別

そう思うのは、きっと僕が、生命にいつまでも生き続けて欲しいと願っているからに違いない。
——ロバート・フロスト「国勢調査員」より[1]

わたしは、道路ではねられたハイイロリスをもう一匹、キャンプに持ち帰っていた。二〇一一年の六月中旬の天候は、ヒロズキンバエやヒツジキンバエが活発になるには涼しすぎたので、そのリスの死体にはウジはいなかった。しかし、腐敗するには寒すぎなかった——リスは熟れて良い臭いがしていると、わたしはかなり確信していた。もしそうなら、コンドルがその死体を見つけるだろうか。そしてコンドルはその臭いを放つ死体をどうするだろうか。アメリカワシミミズクがたぶんそうするように、丸飲みするだろうか。答えを見つけるために、わたしはリスのふくれた死体を森の中の空き地に残し、それからキャビンの窓のそばのソファーでくつろいだ。

森の上を飛んでいる一羽のワタリガラスが、最初に死体を見た。そのワタリガラスは空き地をめがけて急に方向を変え、それから一本のマツの木のてっぺんに静かに止まった。その空き地を数分間見渡してから、ワタリガラスは翼を広げてリスの近くの地面に舞い降り、何度かぴょんぴょん飛びはねてから、両目といくらかの毛を引き抜いた。しかし皮膚をずたずたに裂くことはできなかった。その代わり、口からリスの中に入って、少しの肉と脳みそを引き抜いた。その後、ワタリガラスは飛び立った。わたしは外へ走り出て、死体を切り開き、ワタリガラスが戻って来るのが見られることを期待して、再びソファーでくつろいだ。

腐りかけている内臓が露出されることによって、強い臭いが立ちのぼるだろう。思ったとおり、一時間経たないうちに、わたしは一つの影が地面を通り過ぎるのを見た。一羽の大きな鳥が頭上を飛んでいて、空き地の上を旋回していた。ヒメコンドルだった。一分後、その鳥はまっすぐ死体の上に飛んで来て、一分間旋回してから、リスの近くにたった一本だけあるリンゴの木に着陸した。そこでヒメコンドルは頭を絶え間なく回し、リス以外のすべての方向を見ているようだった。しばらくしてから、羽づくろいし、それから翼を太陽に向かって広げ、翼を静止させ、そして平然とした様子でもう少し羽づくろいした。

キャビンの中から双眼鏡でそのコンドルを眺めながら、わたしはそれがゴージャスに見えると思った。その身体のどこにも、一点の汚れも見えなかった。長く、象牙色をしたくちばしは、ぴかぴか光っていた。そのコンドルは、顔を赤らめることによって、高ぶる感情を示していた。裸の頭部は、そこに押しやられた血液から来るチェリーレッドに変わっていた。その上首は、黒い羽毛がところどころに散っているが、まもなく鮮やかな紫色になった。ほとんど裸の首の皮膚の下には、厚い、つやつやした黒青色のひだ襟状の首毛が輝いていて、鈍い茶色の翼の羽毛と好対照をなしていた。

リンゴの木に止まってから十六分後に、そのコンドルは周囲のものから明らかにリスへと注意を移し始めた。枝から枝へと飛び移りながら近づき、最終的にリスのそばの地面に飛び降りた。数分間じっと立ってから、おいしいわずかな分け前を食べ始めた。内臓を取り出し、それを傍らに投げつけ、それから再び小さな肉片を引き裂いて食べ始めた。三十四分後にコンドルは飛び立ち、腸とほとんどきれいになった骨と皮を残して行った。わたしは、何か他の者がそれらの残り物を取りにやってくるかどうかと思って、それらをそのまま残した。

翌朝、日の出の時刻に、わたしは一羽のカラスの鳴き声で目を覚まし、ベッドから窓を通して見上げると、カラスがリンゴの木の近くの高いトウヒの木のてっぺんに止まっているのが見えた。トウヒの木はそよ風に揺れていて、ときどきカラスが止まっている枝がカラスの重みでたわんだ。だがカラスは、少なくとも十分の間、カーカー鳴きながらバランスを保っていた。カラスはリスの残骸のほうに向いていて、百メートルも離れていなかったので、わたしはカラスがいつでも飛び降りるだろうと期待していた。しかしカラスはただ力強く鳴き続けた。

しばらくして、もう一羽のカラスが下の谷から割って入った。そのカラスが到着すると、二羽は前日にコンドルが止まっていたリンゴの木に飛んで行った。ようやくこのペアのうちの一羽がリスのところに舞い降り、近くに着陸して、約一分間それを見て、その後リンゴの木の上に飛んで帰った。カラスは二羽とも、さらに数分間、近くの木々にとどまり、その後ちょうど太陽が上ってきたとき、静かに飛び立って谷を下りて行った。

一時間後、一羽のワタリガラスが飛んで来て、一瞬もためらわずに羽ばたきしてリスの死体に直接降りて行った。ワタリガラスは残骸をくちばしで拾い上げ、飛び立ってそのトウヒの木の密集した下枝の中に入って行った。ワタリガラスはそこにほとんど隠れていたが、わたしにはそのワタリガラスが毛皮の毛を引き抜き始めるのが見えた。ワタリガラスはすぐにやめて、皮を一本の枝に残した。その日の午後、ワタリガラスは戻ってきて、自分がリスの皮を残しておいた場所に直接飛んで行った。たくさん残っていたはずがない。そのワタリガラスが飛び立ったとき、わたしは皮が中表に裏返されて（したがって毛が内側にあった）、地面の上にあるのを見つけた。一日後にはそれもなくなっていた。もっと大きな死体があれば、もっとたくさんの仲間を引き寄せるかもしれない、とわたしは希望をもった。

二〇一〇年七月は、メインでは気温が高く蒸し暑かった。九日のことだった。友人のワリスは、わたしが滞在している場所の近くのウェルド村にいる建設業者だが、この日、彼とわたしは、サウナの枠組みを建てる作業をして汗をかいていた。暑さは、わたしたちには耐えがたかったが、アブの仲間のディアフライにとっては理想的だった。十四から二十四匹がわたしたちのまわりを絶えず飛び回り、一匹一匹が攻撃を強行する機会をさがしていた――皮膚を切って新鮮な血をなめるためだった。わたしが死ぬ前にわたしからえさをとる者はありがたくないが、そのディアフライたちのどの一匹をとってもまさにそうするつもりだ。彼らは騒々しくブンブン音を立てて人のまわりを飛びながらその人を注意深く調べ、それから、無防備の瞬間があったら、皮膚がむき出しになって利用できそうな場所に着陸する。一匹のディアフライならわたしを悩ますことはない。わたしは彼らの戦術を学んでいて、彼らの殺し方を知っているからだ。しかしいちどきに二十匹いれば、情勢は彼らに有利である。

このディアフライたちは人間だけを悩ますのではない。森にいるムース（北米のヘラジカ）やシカも駆り立てていらいらさせる。ムースは池の水にもぐって逃げるかもしれない。シカは、池の水草を食べず、走って跳ぶという選択肢しかもたない。どうも彼らは跳ぶ前に必ずしも見ていないらしい。その日、ヒマラヤスギの厚板を得るためにワリスとわたしがディクスフィールドとウェルドの間を車で走っていたとき、わたしたちは一頭の死んだ雌のシカを見つけた。それは強打されたもので、事故から少し時間が経っていた。死体はすでにかなり熟した臭いがしていた。わたしには、車を走らせていて途中でシカと衝突し、その後そのシカを道路脇または道路上に残していくことが想像できない。そして他のだれもそれまでに止まらなかった。

わたしは、よくそうするように、止まった。そして、その雌のシカが授乳していたことを乳首が示しているのを見つけて、残念に思った。森の中のどこか近くで、一匹か、ことによると二匹の子ジカが乳を待っていて、まもなく飢え死にしただろう。そのシカの死体をむだにするのは恥ずかしいことに思えた。ワリスの小型トラックの後ろから、後脚をワリスが押してわたしが引っ張って、わたしたちはシカを車に乗せて出発した。そのシカをどうするか、わたしはまだ確かな考えがなかったが、わたしのキャビンのそばの空き地で、コヨーテやクマやワタリガラスやコンドルが彼女を見つけてくれるよう願った。それらの動物は、それから自分の子にえさをやり、そのシカを他の生命に転換するだろう。そして短期的には、彼らは何か他の動物を捕まえて殺さなくてよいだろう。

わたしは、空き地のアキノキリンソウとセイヨウナツユキソウの茂みの中にシカを下ろした。鋭い狩猟用ナイフを使って、シカの腹を切り開いて内臓をあふれ出させ、肩甲骨と右前脚を上にして横向きに置いた。また、皮膚を切って、後脚の肉を露出させた。それから、サウナ建設を少し休んで、何が起こるか見るために、キャビンの窓際にあるソファーの定位置に陣取った。

二時間後、最初のヒメコンドルが空高く飛んでやって来て、シカの上を旋回し始めた。前に何度か、わたしはコンドルの群れが、たぶん車の流れが止まるのを待って、ハイウェイ沿いにある一頭のシカの近くの木々に潜伏しているのを見たことがあった。しかし、わたしのワタリガラスのペアが近くのマツの木に巣を作り、今では大きな、腹を空かせたひながいる。これはおもしろいことになりそうだと思った。何か成果が得られるかもしれなかった。

わたしの甥のチャーリーは、ペンシルベニア州ペンスバーグ郊外に住んでいるのだが、前の秋、彼は自分の家の前で道路ではねられた一頭のシカを自分のものにした。彼がわたしに言うには、彼が前庭でそのシカの内臓を抜いてから「一時間以内に」、何羽かのヒメコンドルがやって来て、その後、十数羽以上がまさに新鮮な肉に集まって来た。彼らは少しの間、甥の家の屋根に止まり、それから、見たところ何らかの合意に達した後、一緒に降りて来た。翌日までに、ひとかけらの肉も残っていなかった。胃の内容物——シカが近くの畑で食べたトウモロコシが部分的に消化されたもの——だけが残っていた。わたしは、コンドルの一団がここにあるわたしのシカに到着するのにどれくらいの時間がかかるだろうか、彼らはワタリガラスを撃退しなければならないだろうか、それとも逆だろうか、と思いをめぐらした。

そのコンドルは、この鳥たちがたいていそうするように、死体に近づいてその上を左右に揺れ動きながら飛んだ。それから、そのコンドルは空き地とその近くの森をもっと広く飛び回った。すべてを調べるかのようだった。しかしわたしは失望したのだが、見たところそのコンドルは自分の見たものを好きではなかったらしい。着陸もせずに去ったからである。

生物学者のパトリシア・レイブノルドの研究から、そしてチャーリーのコンドル経験から、わたしは、コンドルたちが共同のねぐらをもっていて、そこから経験の少ない鳥が経験豊かな鳥を追って共同の宴までついて行くことを知っていた。わたしは、一群のヒメコンドルが翌朝到着することを期待していたので、午後遅くにちょっとした用事をすませることにした。約二時間後にわたしが戻ると、一羽のコンドルがすでに到着していた。それは空き地のへりにある一本の木に止まっていたが、わたしが来るとすぐに飛び立った。けれどもそのコンドルはシカを食べてはいなかった。そこでは何も変わったことは起きていなかった。

このシカの死体はもう何千匹とはいわないまでも何百匹のクロバエ科のハエ、ヒロズキンバエやヒツジキンバエに見つかっていた。クロバエ科のハエにはたくさんの種があり（千百種がこれまでに記載されている）、大部分は正確に区別するために顕微鏡で調べる必要がある。多くの場合、彼らを識別するために剛毛の数を数えなければならないからである。緑のヒロズキンバエは、中胸背面に三本、後頭部（頭の一部）に六本から八本の剛毛をもち、青のヒツジキンバエは後頭部の剛毛を一本だけもつ。わたしはそのハエたちの剛毛を数えなかった。緑のヒロズキンバエの真の輝きと、青のヒツジキンバエとの明らかなちがいにすでに十分に感動していた。青のヒツジキンバエは数が少なかったが、その金属的な色は同じくらい目を見張るものだった。

これらの輝くハエたちに覆われた死体は、悪臭を放った。わたしは、一羽のワタリガラスが、二羽のコンドルと同様、死体を見ていたことに気がついた。そのワタリガラスは空き地の上を一度旋回し、何度か鳴いてから飛んで行ったからである。ワタリガラスは、食べる肉が新鮮なのを好む。そうでなければ、殺されたばかりで、少なくとも凍ったものを好む。夕暮れ時までに、死体にはまだ一羽の鳥もいなかったが、わたしがその晩ベッドに入った後、コヨーテたちが森からガモン・リッジの方へ向かって声をそろえて鳴くのが聞こえた。二階からわたしは、北斗七星がゆっくりと水平線のほうへ回転する間、空き地を観察した。灰色の影がいくつもシカのほうへ忍び寄るのが見えないかと目をこらした。しかし何も見えず、わたしはまもなくぐっすり眠ってしまった。

ワタリガラスも、カラスも、コンドルも、コヨーテも、シカに来なかった。しかし、翌朝、たくさんの活動があった。前の一月にここで教えた冬の生態学コースの学生のうち十人が夜のうちに来て、野外に二つのテントを設置していた。今日は指定のパーティタイムだから、ワタリガラスやコンドルやコヨーテは寄りつかないだろう。わたしは気にしなかった――大きなやつらが食べる機会を得ないときにシカに何が起こるかを見るよい機会だった。大きな鳥たちがまったく来ないことは正午には確実になった。正午には、パーティ参加者の第二陣が、二本のエルダーベリー・ワインともう一台のギターを携えて到着した。

午後にはキャンプの中に、その後、夕方にはキャンプファイアのまわりに参加者は集まり、パーティはシカにとってふさわしい通夜になった。とくに、もしそのシカが、二台のギターとバンジョーとマンドリンの伴奏に合ったり合わなかったりする十人もの声の感傷的な響きを鑑賞することができたなら。わたしが生命のサイクルに戻る番だったら、うらやんだかもしれない。

翌朝、ほとんど全員がまだぼうっとしている間、シカの死体はまだ鳥やコヨーテに触れられないまま横たわっていた。夜明けに一羽のワタリガラスが再びそばに飛んできたが、今度は沈黙したままだった。正午までに気温はカ氏九十度台の前半（セ氏約三十二度〜三十五度）まで上昇していて、単独のコンドルが現れ、旋回し、近くの木に止まった。降りては来なかった。何か悪かったのだろうか。わたしは死体を調べた。肉は引きはがされていなかったが、何千という緑のヒロズキンバエがちりばめられていた。

シカは悪臭を放った。キャビンにいても臭った。わたしたちにとって非常に不快な腐敗の化学物質、エタンチオール（エチルメルカプタン）は、『ギネスブック』によれば、「存在する最も臭い物質」である。いずれにしても人間にとってである。わたしたちがプロパンに気づいて、マッチをつけることによってわが家を爆破しないよう、微量のエタンチオールが無臭のプロパンに添加される。ヒメコンドルは、おそらくエタンチオールがわずかでもあれば引きつけられるため、ガス漏れしているパイプラインの場所を突き止めるために使われてきた。しかし、臭いの強さは彼らが引きつけられる度合いに対応しない。ヒメコンドルは、新鮮な肉またはほぼ新鮮な肉のほうにやって来やすい。

　この二日目にシカを調べたとき、わたしはヒロズキンバエたちがそれをめぐる競争に勝ったのだとわかった。このハエたちは、伝えられるところによれば、十マイル（約十六キロメートル）離れたところから死体の臭いがわかり、実際、彼らは腐敗にくじけることなく群れをなしてやって来ていた。露出した肉は日に焼けて黒くなっていて、毛皮はたくさんの白い斑点——大量のヒロズキンバエの卵が積み重なったもの——で覆われていた。

　五十年以上前、有名な鳥類学者のロジャー・トリー・ピーターソンは、たぶんこれより満足のいくものでなかったとはいえ、似たような三日間を記述した。それは道路ではねられて死んだ一頭のシカの死体でのことで、その死体は彼がニューヨーク州で外に出しておいたものだった。


　わたしは［そのシカを］開けた斜面に引きずって行き、自分用の麻布の日よけを建て、野生のブドウの蔓でカムフラージュした。二日の間、三十フィート（約九メートル）離れたところにある死体は熟し、ハエが群がり、その間、わたしは自分の汗で蒸されていた。コンドルたちは、控えめの距離をとっていて、埋葬の儀式をおこなうために待っている葬儀屋のように、一本の高い枯れたドクニンジンに背を丸めて止まっていた。三日目に、わたしは日よけを取り外した。三時間経たないうちに、一人の友人が偶然やってきた。彼が近づくと、コンドルの大群が飛び立った。シカに残ったのは、散らばったいくつかの骨だけだった。

コンドルはだますのが簡単ではなく、わたしが森や草地に横たわって死んだふりをしても、彼らを引きつける運がもっと少なかっただろうと思う。

マウスや鳥の身体に比べて、シカの身体はウジのような腐食者に利点を提供することができる。ウジたちは細菌のスープのような副産物で育ち、細菌はより温かい温度でより速く増殖し、そして死んだときに温かい大きな身体は長い時間、温かいままである。要するに、細菌は有利なスタートを切ることができる。わたしは、一人の弁護士と一頭のブタから、そのことを身をもって知った。

ボストンのある弁護士がわたしに電話をしてきて、ある殺人事件の鑑定人をつとめるために途方もない金額だと思うものを申し出た。以前、ずいぶん長い間、わたしは昆虫のエネルギー論を研究していて、生きているマルハナバチが体温を温かく保つために出費しなければならないエネルギーを計算するために、死んだばかりのマルハナバチの冷える速度を測定することにしばしば頼っていた。一匹のハチの体温は一分か二分のうちに急降下することがあるが、ブタくらいのサイズの身体にとっては、気温に対する受動冷却は、外気温が氷点近くても、何日もかかる。なぜなら、熱の大部分はその動物の内部深くにあるからである。その殺人事件では、被害者の発見時の体温はカ氏約九十八度（セ氏約三十七度）だったが、そこから逆算して推定すれば、死亡時間をかなり正確に決定できた。わたしは鑑定人をつとめることに同意し、まず、人間のサイズのブタの冷却速度についてデータを集めようと決めた。人間のサイズのブタがいれば、実際の被害者の適切な代役をつとめるだろう。

わたしはちょうどよいサイズのブタ一頭を見つけたので、そのブタが殺されたばかりのときに——つまりまだ人間と同じ体温のときに——手に入るのなら買おう、と農場経営者に言った。だらんとした温かいそのブタがトラックで配送されてきて、バーモントにあるわたしたちの家の裏の薄く積もった雪の上に置かれた。わたしは体温計を突き刺して、データを記録し始めた。二日後にブタは、わたしが裁判のために知る必要があることを学ぶのに十分なほど冷えていた。しかし、わたしはその美味そうな豚肉を全部無駄にするつもりはなかった。

わたしはブタを肉にして、その一部を調理した。しかしそれは味がおかしかった——冬の終わりでハエは見えなかったのだが。変な味はわたしたちのニワトリから来ているのだ、と妻は主張した。わたしがブタを細かく切っている間、ニワトリたちは汚い足でブタの上を歩いていた。だがわたしは、まずい味はこの大きな動物の体温が長時間保たれたなかで細菌が増殖した結果、出てきたものだと思った。実験のため、ブタは内臓が抜かれていなかった。

長い話を簡単にいえば、わたしのワタリガラスたちは、わたしたちがブタの肉を全然食べていないのに数百ポンド（一ポンド＝約〇・四五キログラム）を食べる機会を得て、わたしは弁護士にわたしの実験を説明したにもかかわらず、証言台には呼ばれなかった（そのブタあるいはわたしの時間に対する保障金も支払われなかった）。それは、なかなか高くつくブタだった。しかし、そのブタは身をもってわたしにこう教えてくれた。大きな動物は非常にゆっくりと冷えるので、それを細菌（そうでなければウジも）のものにさせたくなければ、すぐに食べるかまたは内臓を抜かなければならない。

なぜなら、細菌は内側のレーンでスタートを切るのに有利な立場にあるからだ、と。

わたしのブタの物語、とくに細菌の部は、死体の食物連鎖で細菌から一段上にいる生物へとわたしを導いてくれる。前に言ったように、二、三日以内にそのシカはうごめく白いウジたちのがっちりした層で覆われた。十分な暖かさがあると、一匹のヒロズキンバエやヒツジキンバエから一回に生まれる一孵《かえ》りの百五十個から二百個の卵はわずか八時間で孵化し、三日で完全に成長し、一週間で生活環を全うする。生殖と発生の速度が驚くほど速いので、これらの昆虫はすばやく指揮をとることができる。そのハエたちは、それまでに死体をすばやく見つけ、味見をしておいしいことを発見していて、そこに確実に自分たちのコロニーを作って支配できるようにしていた。

ウジの数が多いこととそれらが集まって累積的に高くなった代謝速度も、死体の内部の温度を上げていて、高い気温とゆっくりした受動冷却から予測される速度を超えるほど、彼らの成長速度を加速していただろう。おそらく、それらのハエのほとんどは金属的な緑色のやつ、ヒロズキンバエで、「ウジ療法」のために最も好まれる種である。ウジ虫たちは伝統的に、壊死した組織を食べることによって傷の治癒を助けるために使われてきて、とくにグラム陽性菌に対して効果的である。わたしは、ヒロズキンバエは、肉のために張り合う主な競争者、つまり細菌に対する攻撃的な武器として化学物質を分泌するのかもしれないと思う。にもかかわらず、わたしたちがアオカビからペニシリンを抽出したようにウジから化学物質を抽出した人がいるかどうか、わたしは知らない。

ウジは嫌悪感を起こさせるかもしれず、彼らに関連づけられる悪臭があるので、わたしたちに慕われない。しかし、わたしたちは彼らの価値を認めることがある。彼らは、(気温と体温によって)死体にコロニーを作る最初の昆虫なので、死亡時間を決定するために科学捜査室で広く使われる。

この幼虫たちの治療上、法医学上の価値に加えて、成虫はほぼまちがいなく生きた宝石と言い表されることがある。緑のヒロズキンバエの外骨格は、カットして磨いた宝石と同じくらい輝いている。保証するが、わたしはその気になれば、この昆虫が透明なプラスチックに埋め込まれていたなら、それをイヤリングやネックレスとして何百万個と売ることができただろう。

一個の宝石は形がなく、死んでいて、不活性の物質だが、一匹一匹の緑のヒロズキンバエはこの上なくすぐれた航空工学を表現している。それは飛ぶだけでなく、千ほどもの行動をもっているが、その大部分をわたしたちはほとんど知らない。甲虫類と同様、ハエは力を生み出す筋肉が翅に直接くっついていない。この筋肉は、翅の上から下への動きのために収縮するにつれて胸部を圧縮し、てこの作用によって、反対側の筋肉——翅を下から上へ動かす動力となる筋肉——を伸展させる。その伸展が筋肉を収縮させ、そうして上から下へ動かすための筋肉を伸展させる。このプロセスは行ったり来たりと続くので、胸部は実質的にモーターのように振動し、翅は一秒間に何百回の速度ではばたく。ユスリカなどの小昆虫では、一秒間に千回も——直接の神経インパルスだけでは不可能な速度で——はばたく。これらのハエは、中も外も美しい。

パーティ後の数日、さらに多くのハエが、進んでいく腐敗をものともせず、または進んでいく腐敗が原因で、まだシカにやって来ていた。ハエたちは、十マイル（約十六キロメートル）くらい離れたところから臭いがわかり（触角で）、死体があれば気づくことができる。彼らは腐った肉の上をくまなく歩き回り、ますます多くの卵塊を産み落とす。ハエたちは、足の底面にも「舌」にも味覚受容器をもっている。偉大な昆虫生理学者、故ヴィンセント・デティエが示したように、ハエは砂糖、塩、酸味――要するにわたしたちがわかるのと同じ味――の味がわかる。シカの死体にいるハエは蛋白質を見つけてなめ、それをすばやく卵に転換した――蛋白質は彼らの幼虫の唯一の食物である。

むき出しの肉がもうなくなったとき、ハエが勝って鳥やコヨーテは負けたのだが、それから別の死体専門家の一団、つまり甲虫類がやって来た。モンシデムシの類は半マイル（約八百メートル）離れたところから死んだマウスの臭いを感じることができると推定される。わたしは、この昆虫の一団がすでに死体の下で働いていたのではないかと疑った。なぜなら、ブタの死体を人間の死体の身代わりとして使った犯罪学的昆虫学の研究から、死後のさまざまな時間にさまざまな種が食べることがよく知られているからである。わたしの疑念が正しいかどうかを見るために、わたしはシカをひっくり返してみなければならなかった。吐き気を催さずにそれをするのはむずかしかった。しかし、その価値があった。

シカの死体を少し持ち上げたとき、何十匹もの長い、黒い、光った甲虫（モモブトシデムシの一種、ネクロデス・スリナメンシス）が見えた。それらの甲虫には、背中に刻みつけられた平行の隆起があった。ハネカクシもいた。それはスマートな、細長い、速く走る甲虫で、一般に「短翅型」と考えられているが、実際は非常に短い鞘翅の下にパラシュートのようにきちんと折りたたまれた非常に長い翅をもっている。これまでに四万種ほどのハネカクシ科の種が世界で記載されているが、ことによるとその二倍ほどの種がまだ記載されていないかもしれない。彼らはたいてい捕食性なので、腐肉をあさっているのを見つけても驚きはなかった。彼らは走るのが速く、飛ぶのがうまく、わたしが死体を持ち上げるると、ぱっと散って、周囲の地面の上の土くずの下にもぐりこんだ。いくつかの種がいた。一つは光った濃い青のもの、もう一つは黄と茶が多いものだった。三つ目はグレーがかっていて、背中を横切る一本の白い縞のように見えるものがあった。わたしは、二種のシデムシ科の昆虫に気がついた。親指の爪ほどの大きさでだいたい黒い、平たく幅広い甲虫である。ヒラタシデムシの類で、一つ（ネクロフィラ・アメリカナ）は胸部が黄色く、もう一つ（オイセオプトマ・ノヴェボラセンセ）は赤かった。

わたしは、自分が並べておいたマウスとトガリネズミの死体にあれほどすばやくやって来ていたモンシデムシの多くを見つけることを期待していたが、非常に驚いたことに、注意深く調べても一匹も見つからなかった。彼らがシカの肉に引きつけられないだろうと信じるのはむずかしかった。たぶん、そのときその場所の近くにはそれらのシデムシの一匹もいなかった。しかし、この雌のシカと同じときにわたしが置いておいた、道路で死んだ一匹のシマリスは、ある日の午後、二匹のシデムシを引きつけた。わたしは、腐敗物の臭いまたはウジの臭いが彼らを遠ざけていたのではないかと思った。

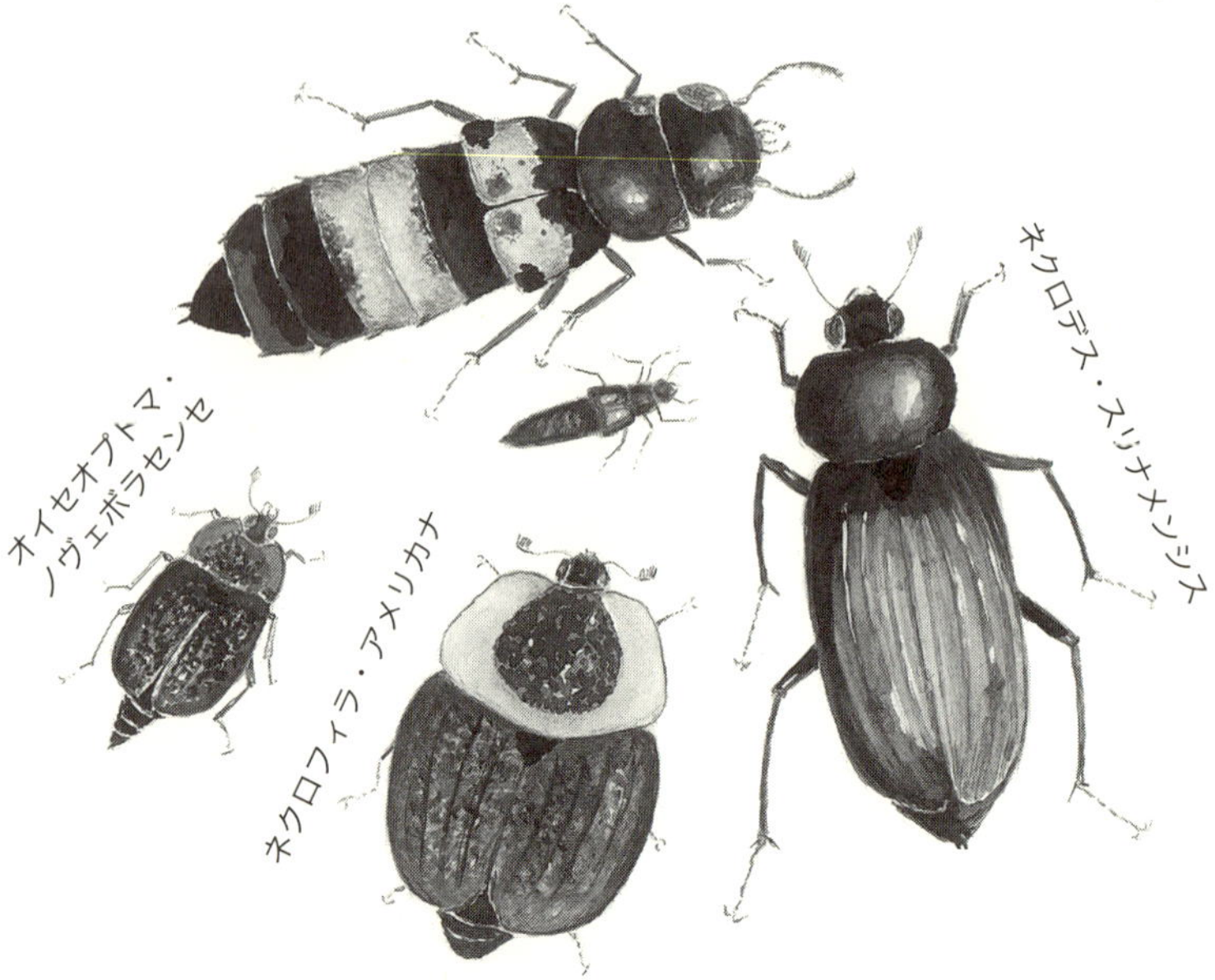

一頭のシカの死体の下で見つかった死体をあさる甲虫。上：二種のハネカクシ科の昆虫（同定されている四万六千種以上の種のうちの）、下右：ネクロデス・スリナメンシス（モモブトシデムシの一種）、下左：オイセオプトマ・ノヴェボラセンセおよびネクロフィラ・アメリカナ（ともにヒラタシデムシの一種）。

二週間後の八月五日、雌のシカの残骸を調べるために戻ったとき、わたしが見つけたのは、ほんの数束の毛と、死体が横たわっていた汚れたくぼみだけだった。それでも、その場所のすぐ近くに二つの糸口があった。前にコンドルたち（とカラスたち）が止まった古い黄色のデリシャスリンゴの木の幹に、新しく刻まれたクマの爪痕があり、この早熟のリンゴの木の枝が何本か折られていた。一頭のクマがやって来て、甘く新鮮なリンゴを食べ、シカの残骸を引きずり出したのだ。

次の四月の下旬、わたしは、雌のシカを置いておいた場所から二キロメートルほど離れたところで一頭の死んだ雄のムースを見つけた。雄のムースはおそらく雌のオジロジカの十倍の体重がある。このムースはやせ衰えているように見えた。ムースのマダニ病の合併症で死んだらしい。この病気は、冬の気温が十分に下がらず雪が十分長く持続しないためにこれらの寄生虫を抑制できないとき、このあたりの森で見られる一般的な死因である。もしオオカミがいたなら、必ずしもより多くのムースが死ぬとは限らなかったろうが、マダニ病で弱ったムースはおそらく早く死んでいただろう。なぜなら、彼らはこの捕食者たちの最初の餌食になっただろうからである。

わたしは、そのムースが小川に隣接するうっそうとした森の中で死んでから一日か二日後に見つけた。コヨーテの足跡がそれを取り囲んでいて、そのコヨーテたちはムースの厚い皮を噛んで喉に穴を開けていた。一羽のワタリガラスがすでにそこで食べていて、皮の上に白い糞を残していた。コヨーテたちが穴を広げるにつれて、他のワタリガラスたちが食べにやって来た。その後、少なくとも十数羽のヒメコンドルが死体を独占し、それからウジたちがヒメコンドルのあとに「掃除した」。二、三週間後、ワタリガラスのペアが、コヨーテとコンドルたちが仕事を終えた後に残った。彼らは毎日やって来ては死体のまわりの葉をひっくり返した。たぶんウジやハエのさなぎや他の昆虫をつまんでいたのだろう。

残ったものが骨格とその一部を覆う乾燥した皮だけになったとき、一頭の黒いクマがやって来て、その残骸を引きずって少し下へ降りて行った。二週間後、わたしはムースが死んだ場所では毛の一束以上のものをほとんど見つけなかったが、脊柱と頭蓋を少し離れたところで見つけた。一匹のヤマアラシがまだ新鮮な骨を食べていて、マウスがチーズに残す歯形を拡大したようなパターンで骨をかじり取っていた。なかなか消えない臭いがあるにもかかわらず、コンドルは残っていなかった。なぜコンドルたちはもう引きつけられなかったのか。もう肉はなかったが、彼らは調べもしないでどうやってそれがわかるのだろう。コンドルさえも寄せつけない臭いをウジが出すのだろうか。あるいは細菌による腐敗から出る臭いで撃退されるのだろうか。

自然のリサイクリングの世界には、多くの余剰があり、いつも予備がある。リサイクリングのプロセスは、一台の車すなわちマダニで始まり、それから死体をあさる鳥を使い、ハエに移り、それから甲虫に移り、最後に細菌に移る。あるいは、わたしたちのシカとムースの場合のように、一頭のクマに移る。もしクマが、ハエが仕事をすませた後にシカの死体を食べなかったら、その死体にはカツオブシムシの集団が訪れて来ていただろう。これらの甲虫は、世界で五百種から七百種あるが、残骸が乾燥していて分解の段階が終わっているとき、死体にやって来る。彼らは残っている毛、羽毛、軟骨、毛皮、皮膚――むき出しの骨以外なんでも――を食べる。だから、彼らは博物館で骨格をきれいにするのにしばしば使われる。森の中では、齧歯類もシカも骨格をかじって必要なカルシウムをとり、骨は葉で覆われることになる。わたしの森では、シカの頭蓋が見つかるが、それ以上のものはまれである。頭蓋はいつも最も長く残る。ムースより大きな動物は、メインの森には住んでいない。しかし明らかに、土地の葬儀屋たちは相対的に迅速にムースさえ処理することができる。しかし、比較すればほとんど巨人のような何か、たとえばゾウについては、葬儀屋の仕事のプロセスはどんなものか、わたしは知りたいと思った。

〔1〕日本語訳は「ロバート・フロストの『ニューハンプシャー』の世界（その三）」藤本雅樹（龍谷大学論集）より引用

究極のリサイクル業者——世界を作り直す

手は心の最先端である……。人間の進歩の最も強力な動因は人間自身のもつスキルの喜びである。

——ジェイコブ・ブロノウスキー『人間の進歩』より

これまで見てきたように、多くの種は狩猟者でもあり腐食者でもある——この二つの役は同じ目標を共有し、同じ道具の多くを共有する。これは初期の人間についても言えることだった。つまり、わたしたちは、腐食者として有能になればなるほどより多くを狩猟したし、その逆も真だった。最も骨の折れる獲物、ゾウ以上にそれを劇的に証明してくれるものはない。人間は、常にゾウを捕食し、ゾウを切り開き、そしてその存在に影響することもできる地球上で唯一の捕食者である。陸上でわたしたちはゾウに対して、海洋の深い所でオンデンザメやヌタウナギがクジラに対するのと同じ存在である。つまり、究極のリサイクル業者である。どのようにしてわたしたちがそうなったかは、ヒトという種の歴史に埋め込まれている。わたしたちのゾウに対する関係は、集団として代謝する胃袋を通して、成長したほとんどすべてのもの、成長する多くのものを処理するためにわたしたちが地球の究極の代理人になる道を決めた。わたしたちは、ゾウの生きた肉を手に入れる方法を学習するとすぐに、手の届く範囲にやってくるものほとんどすべてに立ち向かう頭脳と腕力と社会組織を備えるようになった。ここでいくつかの疑問を話題にしよう。わたしたちは最初から狩猟者または腐食者として進化したのだろうか、葬儀屋としてどんな役割をわたしたちは過去に果たして、今でも果たしているのだろうか。そしてカメとゾウはそれにどう答えてくれるだろうか。

わたしたち（および他の類人猿）が、ある共通の祖先から分岐した後に狩猟者または腐食者として出発したのかどうか、という議論は白熱したもので、その議論は半世紀前から存在する。それに関係していて、わたしの考えを偏らせるかもしれない唯一の「データ点」／逸話は、一九七〇年頃にケニアのアンボセリ国立公園で生まれた。そのときわたしは、人間に慣らされたヒヒの一群の後ろに、彼らを研究している一人の大学院生とともについて行く機会に恵まれた。ヒヒたちは草を食べていたが、ほんの二、三時間の後、一頭が一匹のノウサギを追い出すのが見えた。ノウサギは最初ヒヒにつかまるのを逃れたが、その大きな群れの別のヒヒにつかまるだけだった。それからノウサギは、一頭の大きな優位雄によってすばやく殺され、独占された。ただし、他のヒヒたちはこの賞品が食べ尽くされる前におこぼれにあずかった。この「狩り」は行き当たりばったりで、主に集団が大きいおかげで、ほとんど偶然、成功したように見えていた。しかし、その時間近くにその場所に近いところでヒヒを研究していた別の学生、シャーリー・C・ストラムは、ヒヒたちが定期的に肉を求めて狩りをすることを発見した。

人類学者のクレイグ・B・スタンフォードは後に、著書『狩りをするサル』の中で、初期の人類について「狩猟仮説」を擁護している。スタンフォードは、わたしたちの最も近い生きた親戚であるチンパンジーの行動を研究していた。ある群れのチンパンジーたちは、定期的かつ組織的にサルや他の獲物を狩る。彼らは、生肉を頻繁においしそうに食べ、皮、骨、その他、全部食べる。彼らが死肉をあさるのはこれまで観察されたことがない。スタンフォードの指摘では、雄たちは狩りの大部分をおこない、自分が得た肉を分配しながら多大な政治活動に精を出す。狩りと分配の社会的性質は、たぶん性的な特権と結びついていて、わたしたちが類人猿のような祖先から枝分かれして狩猟者として専門化されるようになる際の重要な転換点であったかもしれない。狩猟は社会的協力、すなわち人間の特質となったスキルと知能を助長した。

工業的文明の中にいるわたしたちの現在の見方からすれば、「狩猟者」はわたしたち自身を特徴づけるために選ぶ最初のことばではない。しかし、ほんの少しの間、時間をさかのぼって、十九世紀のアメリカを考えてみよう。ジョン・ジェイムズ・オーデュボンの『ミズーリ川日誌』は、彼が一八四三年六月四日から十月二十四日の間に書いたものだが、この中には、数人の開拓者とアメリカ・インディアンのいくつかの部族がまばらに住むアメリカの一部が見える。六月九日にオーデュボンはこう書いた。「わたしたちは、三頭のエルク（アメリカアカシカ）がそれ［リトルミズーリ川］を横切って泳ぐのを見た。そして今、わたしたちのまわりにいるこのみごとなシカの種の数はほとんど想像もつかない」。八月十一日には、「今でも存在し、この大洋のようなプレーリーで草を食べて生きるこの動物たち［バイソン］がどれだけ多いかを記述することは、いや想像することさえ、不可能である［傍点部分はオーデュボン自身が下線を引いている」」。オーデュボンとそのお伴たちが何頭かのバイソン、シカ、エルク、アンテロープ、あるいはオオカミを撃たない日は、一日たりともなかった。

それから何十年かのうちにわたしたちがその世界をほとんど完全に破壊してしまっていたとは信じがたい。兵器は重要だった。ライフルはバッファロー（アメリカバイソン）をしとめるのを助けた。しかし、狩猟の巧妙さはライフルだけに左右されたのではない。オーデュボンは、えさをつけた釣針だけで何頭のオオカミが捕獲されるかを記述した。バッファローたちは氷の上に追い出され、そこでは彼らは無力なので、刺されることがあった。バッファローたちは「とくに、グロ・ヴァントル族、ブラックフィート族、アッシニボイン族［によって］」檻に捕獲されることもあった。この人々は、丸太と小枝の囲いに、中へと続く漏斗型の通路がついたものを作った。バイソンはおびき寄せられ、それからそこへ追い込まれた。「非常に脚が速い」一人の若い男が、「バッファローの衣を着て、バッファローの髪飾りをつけて、夜明けに始める」。そして彼は「バッファローの子のように大声で鳴き、頻繁な間隔でバッファローの子の鳴き声をまねしながら、ゆっくりと漏斗の細くなった部分へと進む。バッファローたちは「おとり」について進み、ハンターたちは大声をあげ、バッファローの後ろを進む。それから、全部が殺される。

多すぎるほどのバッファローは、もしあのさまざまな部族――アリカラス、シウー、アッシニボインズ、グロ・ヴァントル、ブラックフィート、クロウ、マンダンズ――がたえず部族間の戦争をしていなかったなら、たぶんヨーロッパ人たちが来る前にも大きく減らされていただろう。それらの人々は部族間の戦争の結果、けっしてヨーロッパ人と同じくらい数多くならなかった。どれだけ多くの人がいても、殺された何百万頭という大型動物の膨大な量の肉を食べることはできなかったように見えるかもしれない。事実、彼らは食べなかった。開拓者たちはしばしば舌と温かい脳と肝臓だけを取り、それをしばしば生で食べた。オーデュボンがその場面を描くように、「今、一人が雄のバッファローの頭蓋をぶち抜いて、血まみれの指で脳ミソを引っぱり出し、特別の情熱をもってそれを飲み込む。もう一人はいまや肝臓に届き、その巨大な断片を丸飲みしている。その間に、たぶん三人目が第一胃に到達していて、わたしには吐き気を催させるような臓物のいくらかを、ぜいたくに食べている」。オーデュボンは焼け付くような暑さについて書いていて、気温はしばしばカ氏九十度台（セ氏約三十二度～三十七度）、ときには百度（セ氏約三十八度）を超えていた。そのような暑さの中で、肉は何時間も鮮度を保てなかったろう。だから放浪するハンターは毎日殺さなければならず、肉の大部分をオオカミやワタリガラスに残さなければならなかった。

第二次世界大戦後、アメリカに来る前に、わたしは北ドイツの森の中で、家族とともに避難民として暮らしていた。わたしたちは、ドングリ、ブナの実、キノコ、ベリーなどをさがした。父がネズミ捕り罠をもって来ていて、わたしたちはその罠や落とし穴を使って小型の齧歯類を「狩猟した」。父が、馬の毛で作った巧みな輪罠で一羽のマガモを捕まえたことがあったが、そのやり方を思い出す。食物を見つけることは、わたしたちの第一の関心事で、ドイツの森での若いころの最も記憶に残るできごとは、あの死体あさりの旅だった。

パパとわたしが森に入っていくとき、わたしたちはただまわりを見回しているだけのようにわたしには思えた。あるとき――開けたブナ林にある水たまりの中の茶色い葉の上に一匹の緑色のカエルを見つけたことを思い出すので、春の初めだった――わたしたちは一本のブナの木を背に腰を下ろして、パンの皮の切れ端をむしゃむしゃ食べていた。静かだった。ただし、晴れた日だったので、ズアオアトリが鳴いていたのではないかと思う。少しして、遠くでイヌが吠えるのが聞こえた。わたしたちは最初、興味をもたずに聞いていたが、それから父は急に立ち上がってその声のほうへ走って行った。わたしは待った。そして父は、戻って来たとき、一頭の小さなノロジカを背負っていた。父は、そのシカが死んでいて、イヌがそばで息を切らしているのを見つけた。彼はイヌを棒切れで追い払い、賞品はわたしたちのものになった。別のとき、わたしはトウヒのやぶの中で一頭の死んだイノシシを見つけた。そのイノシシはおそらく、その森で狩りをしていたイギリスの兵隊たちに傷つけられた後、死んでいた。それは冬のことで、わたしは、村の学校への行き帰りに歩いているとき、そのあたりで何度かワタリガラスの鳴き声を聞いたことがあったので、調べに行って、イノシシを見つけた。それはすでに部分的に食べられていたが、まだ皮に脂肪が少し残っていた。しかしわたしたちの最大の賞品は、偶然、静かにやってきた。一歳年下の妹のマリアンヌとわたしは、日課で森に薪を集めに出かけ、そのときわたしたちは、何本かのハンノキの近くの小川のほとりに、一頭の死んだヘラジカが横たわっているのを見つけた。死体は新鮮で、わたしたちはキャビンに走って行って両親に伝え、両親は急いでそこへ戻って死体を小枝で覆った。ネコが獲物を隠す、あるいはワタリガラスが肉を隠すのと同じやり方だった（第Ⅱ部で考察するように）。

これが、人間によって変形された生態系ではなく、いまだにオオカミやハイエナやスミロドンが住むような野生で自然の北の生態系だったなら、わたしたちがそれらの賞品を持ち去って食べていたということはありそうもない。それらの大型の捕食動物と死体をあさる腐食性動物がそこに最初に到着していただろう。そうであっても、わたしたちが自分の見つけた賞品をすばやく持ち去るかまたは他の捕獲者から隠すことは重要だった。もしワタリガラスが来たら、彼らはわたしたちの賞品を食べることができるし、それらの賞品のありかを他の人間の腐食者——主に当局——にばらすこともできた。彼らはこの宝物を自分で使うために没収しただろう。

メイン大学の学生として、わたしは死体をあさり続けた。主に道路ではねられた死体である。わたしはそれらを、狩猟シーズンに撃つかもしれないライチョウやノウサギやシカと同じくらい高く評価した。食料品を節約できる一ドル一ドルが大事だった。最近は、わたしは、道路ではねられた動物の全部ではないが、ほとんどを食べるのを見送っている。しかし、戦後のわたしの家族のように、多くの国の人々は選り好みができない。一頭の大きく新鮮な死体があれば、それはたくさんのぜひとも必要とされる食事を意味する。古い『ナショナル・ジオグラフィック』誌に、アフリカ人が一頭のゾウの死体を回収している一枚の写真があるが、そこに示されるとおりである。デイヴィッド・チャンセラーのもっと最近の写真は、ジンバブエの「ロバート・ムガベ政権下で生き延びようとしている」数多くの人々が一頭のゾウの死体に群がったところを見せている。チャンセラーが説明するように、「夜が明けてすぐ、自転車で通りかかったとき、一人の村人が死体を見つけた。それは名もない場所にあったが、十五分のうちに何百人もの人があらゆる方向からやって来ていた。女たちはゾウのまわりに輪を作り、男たちは中に立って、肉を手に入れるために戦い、刺し合っていた」。この死体の大部分は、ほとんど一つの種――わたしたちヒト――によってすばやく処理されていただろう。この群衆の中の人々は死体を切り開くためのナイフを持ち、もしライオンたちが押しかけてきて死体を横取りしようとしたら助けてくれる槍や銃を持っていた。道具で差がついた。

ハーンハイデの森で、わたしは子どもとして、おそらく初期の人間に使われていた削られた火打石をよく見つけた。その当時、わたしは洪積世の心的態度に無意識のうちに密接に結びついていたが、今は、何十年の間に文化的条件づけによって自分の性分がたぶん改良されてきたと思うので、その心的態度は昇華され、あるいは方向が変えられるかもしれない。だが多くは変わらない。わたしは当時、骨の髄まで捕食者だったと思う。わたしは武器に取りつかれていたが、武器といえば、わたしが十歳前後のころには、ジャックナイフとパチンコに限られていた。パチンコは、学校の生徒のだれかがどこかで拾ってきた赤いゴムのタイヤのチューブから自分で作ったものだった。わたしはたえず「完璧な」小枝のフォークと小さな皮の切れ端を改良することに気を配っていた。今でもわたしは、パチンコにぴったりの枝分かれした小枝を見ると、ノスタルジーで胸がうずく。ティーンエイジャーになると、わたしは槍、弓矢、それから二十二口径の手動式遊底を備えた単射式のリスやノウサギ用のライフルに夢中になった。今では、わたしのお気に入りは、ウィンチェスターの三十−三十口径レバーアクションのシカ用ライフルである。

ハーンハイデにいた大昔のヒト属の人がちょうどいい若木から槍を彫り出すところを想像してみる。実際、ホモ・エレクトゥスが少なくとも四十万年前に北ヨーロッパに住んでいたとき、「彼」はほとんど確実に槍と他の武器を携えていた。そのころはライオンが闊歩し、マンモスが平原に点在したが、取ってくださいというように死んだ動物がごろごろしていることはほとんどなかったろう。彼は、どの死体を得るためにも戦わなければならなかったろう。とくに、運び去られ隠されることのできなかった目につく死体はそうだったろう。

ヒト属の系統は、洪積世の初め、約百七十万年前にアフリカから出てきた。それは、それより約百万年前に、小型で細身のヒト科動物、いわゆるアウストラロピテクスから進化していた。アウストラロピテクスは、すでに石器を作り、大型動物を食べていた。この類人猿に似た二本足の動物が、小さい身体で、進化した捕食者のすべてがもつ鋭い爪や歯をもたずに、死んだ動物を拾ったり、はるかに腕の立つ狩猟者たちが殺したものをあさったりする以外にどんなことができただろうか。どうやって、足の速いアンテロープ、大きなカバ、攻撃的なバッファロー、そしてゾウを圧倒できただろうか。それらの動物すべては、ライオン、ヒョウ、そしてスミロドンに対処してきた何千万年もの歴史をもっていた。

一つのシナリオは、彼ら――そしてわたしたち――は大型動物を狩らなかった、というものである。だが、クレイグ・スタンフォードは現在の類人猿を研究する観点から、そして南アフリカで育った博物学者で独学の考古学者であるバズ・エドメデスは、わたしたちは最初から主に狩猟者だったと主張する。動物たちはふつう、ただ死んで倒れることはなかった。たとえそうだったとしても、人間には利用できなかったろう。一頭の大型動物がいれば、それは、立っていても生きていなくても、巨大な肉の山であり、強力な捕食者の数々で埋め尽くされた自然の生態系では、弱ればすぐに殺されて食べられただろう。したがって、死体があれば、それがどんな方法で殺されたものでも、強力な狩猟者たちに支配される可能性が潜在的にあっただろうし、その狩猟者たちは、自分の獲物とそれにつぎ込んだ大きな投資を考えれば、すでに彼らのえさリストに入っている小さめのヒト科動物にやすやすと獲物を明け渡したりしなかっただろう。だから、もし自分が肉を食べたがっているヒト科動物だったら、ライオンの群れに立ち向かうよりも、狩猟者として離れていたほうがよいと判断したかもしれない。たとえヒト科動物たちが一頭の死んだばかりの死体を見つけたとしても、彼らは大きいやつらがやってくる前にその肉に到達しなければならなかったろう。彼らは、ネコやハイエナやオオカミがもつ大きく鋭い裂肉歯がないので、鋭い切る道具をもつことが決定的に重要だった――それらの道具は、彼らが殺すことを可能にし、殺す気にさせることができた。ハーンハイデの森では、わたしたちがナイフを持っていたのは幸運だった。もし持っていなかったら、絶対にわたしたちは見つけた死体を利用できなかった。

しかし初期の人間も、狩猟者であるためには、ランナーとしての足の遅さを埋め合わせるために何か他の利点を必要としていただろう。現在の理論によれば、利点は、日中の暑いさなかに狩りをして、主に夜行性の捕食者との競争を減らすこと、そして大型動物を追うときに他の捕食者の持久力に並ぶか、場合によってそれをしのぐことからもたらされた。自分の捕食者（と競争者）から逃れるために、ヒト科動物は木に登ることができたかもしれないが、えさを捕まえるためには、ヒト科動物も競争する肉食動物も、陸上でのそれぞれの利点を発揮することができた。ネコ科動物にはスピード、ヒト科動物には持久力があった。

大きな狩猟動物は隠れることができず、どこにいたか、どこへ行こうとしているかの証拠をわかりやすい足跡にたっぷり残す。彼らはまた、サイズが大きいことから、運動中にオーバーヒートしやすい。裸になった二足のヒト科動物は、頭部と肩にある熱を遮る毛と、あふれ出る汗によって身体を冷やす能力をもち、日中の暑さの中で狩りをすることによって、開けた平原に自分たちのための生態的地位（ニッチ）を切り開いた。二足歩行と熱の管理は、彼が獲物より速く走ることを可能にし、同時に把捉手を解放して攻撃的な武器を作って器用に使うことを可能にした。把捉手は、かつて防御的によじ登るときに役立っていた。

道具の使用、たとえば投げるための石や攻撃と防御のための棒を使うことは、自己強化するスパイラルのような知能の進化のための競争を生み出した。なぜなら、疑いなく、狩猟ゲームで不可欠のものは、性淘汰つまり配偶ゲームの通貨になったからである。初期の人類は裸であることが強さになり、ますます速く大きな獲物の肉の貯蔵庫の鍵を開けた。彼が殺した獲物が大きければ大きいほど、社会的な賞賛は大きい。当時、今と同じように、そして他の捕食者たちと同じように、狩猟のスリルは成功の直接のメカニズムだった。後に示すように、わたしたちはどうやら、ゾウに対してさえ、狩猟者としてみごとに成功した。ただし、明らかに今アフリカに存在するゾウではなかったが。

アフリカには、ある人々によれば、いまだに「更新世の動物相」があると言われる。それは畏敬の念を起こさせるような動物相である。テオドア・ルーズヴェルトはこう書いた。

カピティ平原、アティ平原［ケニアのナイロビ近く］、それらに隣接する丘という丘に、計り知れないほど大量の狩猟動物が見つかることを実感するのは、自分でそれを見たことのない者にはむずかしい。それらの平原の一般的な狩猟動物、わたしがカティンガとその近隣にいる間に最も多く見た動物をあげれば、シマウマ、ヌー、ハーテビースト、グラントガゼル、「トミー」すなわちトムソンガゼルなどがあり、シマウマとハーテビースト……は断然多いものである。それから、インパラ、マウンテンリードバック、ダイカー、スタインボック、小さなディクディクがいた。わたしたちが旅をして狩りをする間、狩猟動物が見えなくなることはほとんどなかった。

この大量の動物たちは、アフリカのアンテロープ、シマウマ、キリン、そして類人猿、ゾウ、カバ、野生イヌ、ヒョウ、チータ、ライオン、ハイエナに加えて、原始のままの集まりであると、長い間、考えられていた。しかし、サバンナが五百万年から一千万年の間アフリカ大陸の特徴であったとしても、現在そこを占める者たちはかつてそこに暮らした者のおぼろな似姿にすぎない。

殺すのが簡単な大型動物たちは、最初に絶滅した。その間、ヒト科動物たちはたくさんの形に進化し、アウストラロピテクスの進化上の子孫たちが最終的にあの身体が大きく、大きな脳をもつ、筋骨たくましいホモ・エレクトゥスになった。ホモ・エレクトゥスは、火を支配し、たぶん話をし、切るためと穴をあけるための石器を作り、アフリカから外に広がり、ゾウのサイズの動物を狩った。

人類学者の故ポール・マーティンが説明したように、ホモ・エレクトゥスは地球上くまなく広がった徹底的な狩猟者だった。一つの大陸から別の大陸へ、彼らが到達してまもなく壮大な大型動物相の絶滅が起こった。それらの絶滅は、多数の種のゾウを含む。最もよく知られているのは、毛深いマンモスである。探検家でトロフィー・ハンターのカール・エイクリーがしとめたゾウや他のアフリカの狩猟動物は、ニューヨークにあるアメリカ自然史博物館にいきいきと展示されているが、彼は、それまでに見た最も大きなゾウは肩の上までで十一フィート四インチ（約三・五メートル）あったと報告した。彼が聞いたことのある最も大きいものは、「たっぷり大きな、八十ポンド（約三十六キログラム）の牙」をもっていた。ホモ・エレクトゥスが殺したマンモスは、しかし、アフリカのゾウに比べて巨漢だった。

エイクリーは、現代のアフリカゾウを殺すのはゾウ撃ち銃を使っても簡単ではないことを学んだ。

百年近く前、彼はウガンダで「二百五十頭のゾウを視察するために」一本の木のてっぺんにいた。「それらのゾウは以前あまりに速いスピードでわたしを追い回していたので、わたしは「その中に〔博物館の展示のために〕望ましい標本がいるかどうかを見るチャンスがなかったのである」。別のとき、彼は、「甲高い鳴き声、キーキー声、灌木や木々を踏みつぶしながら進む音をごうごうと鳴り響かせている」七百頭のゾウの群れのただ中にいた。ジャングルだったところは踏みつぶされた。あるときには、一頭の年老いた雄のゾウが「わたしたちのゾウ撃ち銃の弾を二十五発あびてから死んだ」。エイクリー自身も、一頭の雄のゾウが突進してきて、彼を突き刺そうと二本の牙を押し付けてきたときは、もう少しで死ぬところだったが、牙はエイクリーではなくエイクリーの両側の地面に突き刺さった。

更新世の人間たちがマンモスのようなゾウを槍でどうやって殺したのか、想像することはむずかしいが、彼らは殺したようである。アフリカゾウと比較するためのマンモス成獣の完全な標本はほとんどないが、シベリアでは〔そこでマンモスたちは浮きボグ（コケなどの植物の層で表面が覆われた湿地）に沈んでいったか、氷に覆われた湖や川に落ちて溺れ死んだかもしれない〕、すばらしい標本が出てきている。一八四六年、シベリアで異常に暑い夏の間に、人里離れたところでインディギルカ川を上る蒸気船に乗っている人々は、渦巻く水から不意に姿を現す長い茶色の毛で覆われた「巨大な黒い恐ろしい塊」を見て驚いた。それは一頭の毛に覆われたマンモスだった。ウマによって川から引き上げられたとき、死体は高さが十三フィート（約四メートル）、長さが十五フィート（約四・五メートル）あり、長さ八フィート半（約二・五メートル）の牙をもっていた。この場面に遭遇した人々がそのマンモスの胃内容物（若い松かさのほかにモミとマツの根）を調べているとき、マンモスが引っ張り上げられていた土手が崩れ、マンモスは流れにさらわれた。もう一つのシベリアのマンモスの死体は、永久凍土から解け出てきたあと、部分的にクマ、オオカミ、キツネに食べられたが、長さ九フィート半（約三メートル）の牙は重さが三百六十ポンド（約百六十三キログラム）あった——エイクリーによれば、かなり大きなアフリカゾウの牙の四倍半の重さだった。人々はそのような巨大なゾウを楽しむ方法を見つけたのだろうか。わたしたちの手にある唯一の直接の証拠は、死体の残骸に埋め込まれた状態で発見されたいくつかの切り離された槍の先端である。しかし、これらのマンモスはもう存在しない——そして、わたしたちがいくつかの過去のゾウの種を絶滅するまで狩ってきたかもしれない、という状況証拠がある。

北極ツンドラのマンモス（マンモス属）は、少なくとも鮮新世の時代、つまり五百万年近く前から、ほとんど最後の「瞬間」（たぶん四千五百年前より後）まで生きた。そのとき、彼らは絶滅した。もう一つの、ずっと小さいゾウ、マストドン（マストドン属）は、アフリカゾウと同じくらいのサイズ「しか」なく、表面的にマンモスに似ているだけだった。とりわけ大きなちがいは、マストドンが独特の歯をもっていることだった。マストドンは、寒冷なトウヒ、モミ、カバノキの森林地帯に住むマンモス属の種と同時代の種だった。マストドン属のいくつかの形は漸新世、すなわち三千四百万年前から知られていて、彼らもまたわずか数千年前、つまりヒト属がやって来たちょうどそのときに絶滅した。

初期の人間の栽培と狩猟の技術は、疑いの余地なく何百万年にもわたってゆっくりと発達した。意義深いことに、後に議論するように、アフリカゾウはおそらく意味のある標的ではなかった。アフリカゾウは生き残った。その他の種にとっての絶滅への道は、はるかに簡単な獲物から始まった。それはまったくちがう動物、リクガメから始まったかもしれない。リクガメはすぐ食べられる食事を提供したが、甲羅からそれを取り出すために道具が必要だった。ヒヒもチンパンジーも、ノウサギやサルを狩るのに道具を必要としないが、人間の主要な獲物は、道具なしでは食べられることも捕まえられることもありえなかった。

五百万年前、いくつかの種のゾウガメ（大型のリクガメ）がアフリカに住んでいた。彼らを狩るのは本質的に死体をあさるのと同じだっただろう。つまり、カメが生きていても死んでいても、捕食者は身体を突き刺すためにカメをひっくり返して仰向けにさせただろう。三百万年前までにこれらのリクガメが姿を消していたことを除いて、アウストラロピテクスがそうしたという証拠はない（どうすれば何か証拠を残すことができただろうか）。しかし、アウストラロピテクスがカメを食べなかったということがあるだろうか。彼らは肉食で、鮮新世後期、約二千五百万年前までに、アウストラロピテクス属の人類の祖先は手作りされた石器がつけた切り跡を骨に残していて、おそらく、バズ・エドメデスが「対決的死体あさり」とよぶことに従事していた。当時の彼らの脳のサイズは、今日のチンパンジーの脳と同じである。あるチンパンジーたちは、頑丈な蟻塚からシロアリを取り出す方法を見つけた。蟻塚の穴に長い小枝をさしこみ、それを引き出し、それからそこにくっついているシロアリをなめとるのである。彼らはこの行動を自分たちの文化を通して伝える。鮮新世のアウストラロピテクスはおそらく、カメの強固な甲羅を破って中の肉に到達する方法を学んだ。たぶん岩で打ち砕いたのかもしれない。そして打ち砕かれた岩にも刃があって、切ったり、突き刺すために棒に取り付けたりするのに使われた。

ヒト科動物の便利な食物としての肉は、アフリカでリクガメが利用できなくなっても終わらなかった。それは、ヒト科動物の系統がそれまでで最高の狩猟者になるように進化するのに比例して続いた。フライブルク大学の考古学者、ヴィルヘルム・シュレは、ヒト科動物が八千年――ほんの一瞬――前までにゾウガメの絶滅をひき起こしたことを説得力をもって示した。そのとき、ヒト属は地中海の島々に到達した。ヒト科動物たちは、彼らが住み着いた場所に住んでいたゾウガメの種を、すべてとは言わないまでもほとんど絶滅させたようだ。今ではそのようなリクガメは最後の基地――ガラパゴス諸島――だけに残っていて、それはちょうどよい時に厳重に保護されたからにほかならない。彼らの島の砦が人間によって突破されるやいなや、カメたちは新鮮な肉の食料として船の上にひっくり返されて生きたまま積み重ねられた。その状態で、彼らは他の動物たちが生きられるよりも長く生きた。

非常に長い期間、ヒト科動物たちはリクガメを手に入りやすい肉として見ていただろう――彼らはカメたちを拾い上げればよかった。多くのリクガメの種が何百万年も続いたのは単に、アウストラロピテクスがヒト属に進化し、ヒト属が結局太平洋の最も隔たった島々を占領するのにそれだけ長い時間がかかったからである。アフリカの主要な大型動物相の絶滅は、リクガメの絶滅から数百万年後まで起こらなかった。それはおそらく、アウストラロピテクスが、彼らに取って代わったホモ・エレクトゥスほどゾウや他の大型動物を狩る熟達した狩猟者ではなかったからである。

大きな動く獲物を食べること（狩猟で得られたものでも死体あさりで得られたものでも）の一つの前提は、適切な道具を持つことだった。ヒト属がアフリカのパノラマに登場する前には、アフリカ大陸は、マーティンとエドメデスが示している通り、おそらく九種のゾウに似た動物、四種の巨大なカバ、巨大なブタ、巨大なヌー、ローンアンテロープとセーブルアンテロープ、巨大なシマウマ、キリン、そしてゴリラほどの大きさの巨大なヒヒの生息地だった。プレ・サピエンスといわれる化石人類はおそらくゾウなどの大型動物を狩っていた。ドイツのレーリンゲンでは、五十万年前にさかのぼるイチイの木で作られた槍が、一頭のゾウの遺物とともに発見された。イングランドのボクスグローヴでは、ほぼ同時代にさかのぼる一頭のサイの肩甲骨に、たぶん槍を受けた傷であろう丸い穴が見つかった。推定される狩猟者たち、アフリカを出たホモ・エレクトゥスの子孫（現在、一般にホモ・ハイデルベルゲンシスとよばれる）は、五十万年前までにすでにヨーロッパに広がっていて、両面から削られた石の握斧を作っていた。彼らはたぶんそれらをチョッパーまたはナイフとして、アシュール文化（フランスのアシュールで最初に発見された道具から名付けられた）とよばれるようになる文化で、動物の死体を切り刻むのに使った。ラトガース大学のクリストファー・レパーらによってケニアで最近発見されたこれらの握斧は、これらの道具のあるものがホモ・エレクトゥス、すなわち

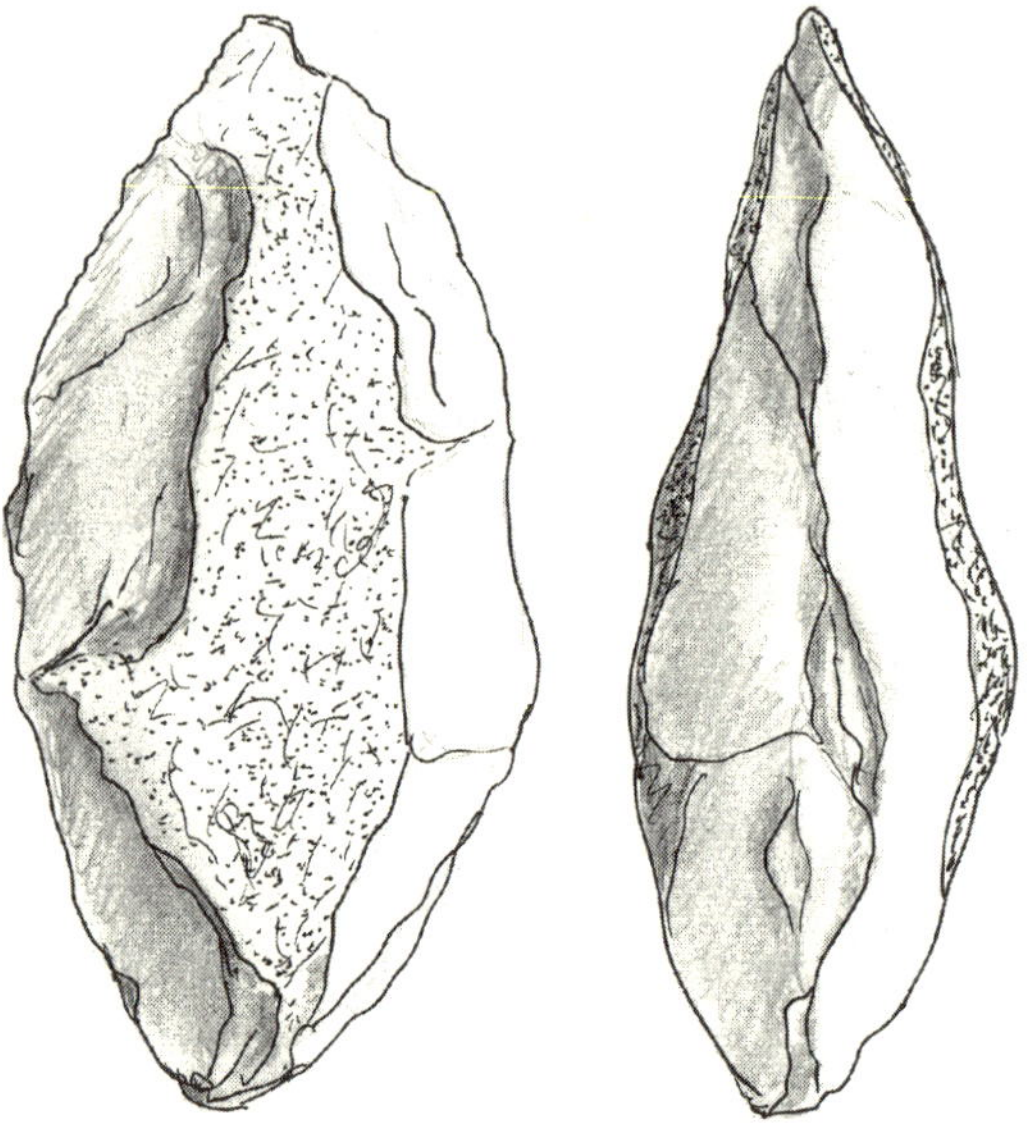

わたしがボツワナで散歩をしているときに地面に落ちているのを見つけたアシュール握斧。それはおそらく百七十万年も前に、一人のホモ・エレクトゥスによって加工され使われた。

一七六万年前にさかのぼることを示す。

大きな獲物を狩るためらしい古い狩り道具に関連するたぶん最も注目に値する発見物は、ハルトムンド・ティーメによって一九九七年にドイツのシェーニンゲンの町に近い炭鉱で発掘された。五十万年近く前、トウヒとカバノキの寒冷な気候の中で、ある湖のほとりに住んでいた前期旧石器時代の狩猟者たちは、ウマだけでなく、ゾウ、シカなど、多くの屠殺された動物たちの遺物の間に、キャンプファイアと数多くの石製の切る道具の証拠を残した。彼らの精巧に作られた槍は、水浸しになったためによく保存された。この槍は、最大で長さ八インチ（約二十センチメートル）、厚さ二インチ（約五センチメートル）あり、現在、陸上競技で使われるもののように精巧に作られていて、重心は空気力学的な安定のために先端から三分の一のところに置かれた。木材や動物の遺物のような腐りやすいものはほとんど確実に短時間で消し去られることを考えれば、そのような発見物は本当に奇跡のようだ。

もう一つの発見物は、イングランドのケントにある大昔の湖だったところの近くにあったもので、体重が十トン（現代のゾウの二倍）と推測される一頭のゾウの遺物だった。それは見たところ約四十万年前に屠殺された。骨は、おそらくそのゾウを切り刻むのに使われたみごとな火打道具で囲まれていた。このゾウは、死んだ状態で発見されたか、またはもう自分で防御することができないときに殺されたのかもしれない。しかし、それは計画的に狩られたのかもしれなかった。もし人間が実際にゾウの絶滅の原因であるなら、場合によってそれが起こっていたにちがいなかったからである。

矢を放つための弓を取り入れるという革新によって、ヘラジカや他の大型動物を狩るための強力な道具を人間は手にしたが、それは、今では絶滅している七種のマンモスやマストドンに対して、あるいは他の十数種のゾウに似た動物たちに対しては、効果的ではあり得なかったかもしれない。ゾウ一頭を殺すにはもっと強力な武器が必要だったろう。槍である。そして、もしエイクリーがアフリカゾウを殺した経験が何か示しているとするなら、槍をもった人間一人は大昔のゾウのどれかに直面してまだ無力だったろう、ということである。しかし、アフリカゾウはマンモスを狩る狩猟者たちが立ち向かった動物を判断するのに公正なモデルではないと、説得力ある説明をすることができる。アフリカゾウ（二種が現在、認識されている）は絶滅しなかった。それはおそらく彼らが人間とともに進化したからである。そこには共進化の激しい競争があっただろう。ゆっくりと、人間の狩猟者たちは攻撃のスキルを向上させ、一方で獲物の動物はより良い防御を進化させただろう。より大きな身体のサイズは、狩猟者たちがより良い槍を開発するまではゾウにとって有利だったろう。ゾウはそのとき、集まって家族の集団になることを学んだかもしれない。その集団は、集団で攻撃する狩猟者たちによって反撃され、それは、ゾウたちが集まって何百頭という群れになることにつながったかもしれなかった。この最後のステップによって最終的に、ゾウは槍だけを装備した人間たちなら平気になったかもしれない。用心、攻撃性、そして群れの他のメンバーを助けるための結束もまた、淘汰圧を通じて、つまり百万年かそれよりはるかに短い期間にわたるヒト科動物による狩猟への反応として、生まれただろう。

地球上のゾウのすべてがヒト科動物の狩猟の結果としての淘汰圧によって形作られていたわけではなく、だからアフリカを出た人々《いい》は、自分が後にしたもっと競争の激しい世界とはたいそう異なる世界に入った。多くの獲物となる動物種にとって、ヒト科動物の出現は、アメリカに最初にやって来たはしかウィルスのようなもの――あるいは乾燥草地の野火のようなもの――だった。

人間からの種の隔離の効果と、その結果として起こる人間に対する防御の欠如は、チャールズ・ダーウィンの『ビーグル号航海記』（一八三一〜一八三六）に示されている。以下は一八三五年九月十七日の記載で、そのときビーグル号はガラパゴス諸島のセント・スティーブンス港に入って来ていて、そこには一隻のアメリカの捕鯨船が停泊していた。「湾は動物でいっぱいだった。魚、サメ、カメがあちらでもこちらでも、ひょこひょこ頭を出していた。たくさんの釣り糸がすぐに海中に投げ込まれて、長さ二フィート（約六十センチメートル）、いや三フィート（約九十センチメートル）もあるみごとな魚が多数、捕獲された。このスポーツは船に乗っているすべての人をお祭り気分にさせる。甲高い笑い声と魚がバタバタする大きな音がどこからでも聞こえる。夕食後、一団が陸に上がってリクガメをつかまえようとするが、うまくいかなかった。……リクガメはあまりたくさんいたので、ここにいる船［一隻］の乗客一行は短時間で五〇〇～八〇〇頭捕まえた」。少し後の文で、若いダーウィンはこう言う。「小さな鳥、三、四フィート（約九十～百二十センチメートル）以内のものが、灌木の周囲を静かに跳びまわっていた。そしてわたしは銃の先端で一羽の大きなタカを枝から突き落とした」。キング氏が帽子で一羽を殺した。そしてわたしは石を投げつけられてもこわがらなかった。小さな鳥やタカをマンモスに置き換えていただきたい。そうすれば、その動物たちが人間をこわがるところを思い描くことはほとんど不可能である。

捕食者を恐れることは最も基本的な生存戦略の一つであり、動物たちは遺伝的プログラミングを通じて、直接の経験を通じて学習することによって、あるいは他の個体から文化的学習をすることによって、恐れの行動を獲得するかもしれない。わたしたちにとっても、その他の主な捕食者のいくつかにとっても、恐れは両刃の剣である。わたしたちが武器をもつ前には、最も力が強い肉食動物はわたしたちを獲物として使うことができたかもしれなかった。とくに、わたしたちを彼らがしとめた獲物におびき寄せる場合はそうだったろう。わたしたちは彼らを恐れる必要があった。わたしたちが槍と毒矢を作って投げるようになってからは、彼らがわたしたちを恐れる必要があった。わたしたちは、制服を来た警官を見ただけで逃げる強盗のように、彼らを追い払うことができた。最近まで、東アフリカのマサイが槍でライオンを狩るとき、ライオンたちはこの赤い服を着た多数の部族の男たちを一目見て逃げ去った。南部アフリカに生まれた冒険家で文筆家のローレンス・ヴァン・デル・ポストは、南部アフリカに住む祖父が話してくれたことを五〇年以上前に書いた。それは、どのようにしてブッシュマン（毒矢で武装した）［訳注：原文はブッシュマンとなっているが、近年は「サン」とよばれる］が煙と火を使ってライオンたちを殺した獲物から追い払い、それから彼らの殺した獲物の残りを食べることができるかについてだった。人類学者で文筆家のエリザベス・マーシャル・トーマスは、どのようにしてブッシュマンが、ライオンとの協定のようなものによってライオンを殺した獲物から遠ざけるかを記録した。しかしその協定は文化的条件づけのようで、ブッシュマンの武器と巧妙さに由来することのようだった。ただし今では、ライフルで武装して、わたしたちはもっと簡単に捕食者の殺した獲物をすっかりあさって食べてしまうかもしれない。人類の祖先の動物たちはそのぜいたくを知らなかった。

恐れや高まった用心深さは、動きを妨げる構造と同様、エネルギーという点でコストがかかる。巨大なカメがこれまでに一度でも恐れを感じたということはありそうもない。彼らは鎧兜をもち、隔離されているからである。彼らは、甲羅の中に首をひっこめればよかった。そしてゾウたちは、自分が巨大であることから、人間を最初は脅威と見なかっただろう。ふつうの男一人なら、おそらく一頭のゾウに数メートルの所まで近づくことができたかもしれなかった。そして勇敢な男一人なら、ゾウに腹の下から直接近づくことができたかもしれなかった。最近まで、アフリカのある人々がそうしたようにである。

現代の槍、つまり男子の陸上競技大会で使われる槍投げ用の槍は、重さが八〇〇グラム、長さが二・五メートルである。それは、ドイツで見つかった四〇万年前のトウヒでできた槍と外観が似ている。世界記録の投擲(旧規格、ドイツのウヴェ・ホーンが保持)［訳注：一九八四年、東ドイツ］は、一〇四・八メートルだった。しかし、現代オリンピックの槍投げ競技は、古代の人間にとって武器であった槍のパワーを過小評価しているようだ。その原因の一つは、陸上競技のための現代の槍が、射程距離だけでなくパワーも減らすように慎重に設計されていることである。(世界記録は現在、皮肉にも、以前の記録よりも六・三二メートル少ない。ホーンが世界記録を樹立した翌年、国際陸上競技連盟の運営組織が、槍の射程距離を短くするための設計変更を促したからである。)少なくとも三万年の間、槍をもった狩猟者たちは投槍器、つまり投げる腕の延長として働く装置を使ってきた。ときにはアメントゥム、つまり槍の重心近くに取り付けられた皮のストラップも、飛び道具に回転を与えて、正確さと鎧兜を突き通すパワーを増すために使われた。

わたしたちが進化して人間になり、たぶん槍で武装して、アフリカから出始めた後、わたしたちのある者は遊牧民だったかもしれない。一つの場所に定住するよりも、より多くの食物を得たい、敵は少ないほうがよい、と願って歩き続けることができた。遊牧民として、わたしたちは食物のためにしばしば殺さなければならず、その残り物を北ではワタリガラスの群れに、南ではハゲワシに残した。

道具の使用と共同社会の文化はわたしたちの巧妙さを広め、一方で、必要なときに力のために群衆として集まる能力は、わたしたちが手強い肉食動物たちをものともせず動物の死体を確保するのを助けた。狩猟者として、わたしたちは、自然に死んだ動物も利用しただろう。しかし、どのようにしてわたしたちが肉を得たか、わたしたちが大型動物相の絶滅のすべてをひき起こしたのかどうか、とは関係なく、先史時代の人間は、これまでに存在した最大の陸上動物の死体を処理する世界トップの処理者の位置を占める。

狩猟と死体あさりの両方を経由して肉食者になることによって、ヒト科動物は高度に集中したエネルギー源を利用した。そのエネルギーの増加が今度は、進化を通じて、まず消化器を減らし、ゆえに体重を減らし、走る速度を上げ、脳のサイズを大きくすることによって、彼らがさらにより多くのエネルギーを利用できるようにした。脳は一つの巨大なエネルギーのたまり場である。わたしたちの脳はカロリーの推定二〇パーセントを使い果たし、ほとんどの動物では、一パーセントのエネルギーの節約でも淘汰的に有利になる。どんな余分なエネルギーコストも、何か大きな淘汰上の利点を与えるのでない限り、すみやかに淘汰されただろう。大きな脳に確実に食わせる余裕があるのでなければ、大きな脳を発達させる種はいないだろう。わたしたちが動物の死体から得た栄養に富む蛋白質と脂肪は、わたしたちの大きな脳のサイズを可能にしたが、その理由を説明しない。他の肉食動物の脳はそれほど大きくならなかったからである。しかしながら、肉食動物に比べて、初期のヒト科動物は肉体的に無力で、彼らは他の肉食動物がもつもの、すなわち武力に代わるものとして知力が必要だった。

ちょうどチンパンジーが小枝を蟻塚にさしこんでそれを引き戻し、シロアリをなめとることを習得したように、初期のヒト科動物はおそらく、割れた石が切れることを学んだ（結局のところ、彼らは自分の裸足の足が切れることを経験しただろう）。次のステップは、慎重に石を打ち砕いて鋭い刃を作り、それからたぶんそれを棒にくくりつけて、半死半生の動物を突くことだった。踏みつけられずにマンモス一頭を殺すには、六人かそれ以上の人間が同時に槍を投げつけ、マンモスをボグ（湿地）に追い込んでぬかるみにはまらせたり、峡谷で待ち伏せたりすることが必要だったかもしれない。初期の人間は、これらの社会的な任務を、わたしたち自身の利益をはるかに超えて、うまく果たした。それは、少なくとも十数種のゾウの絶滅が示唆するとおりである。

アラスカ大学の名誉教授、R・デイル・ガスリーが主張するように、旧石器芸術は、わたしたちの祖先が大型動物に取り憑かれていたとはいわないまでも、魅せられていたことを説得力をもって示している。大型動物は重要で、ただ食物としてではなかった。そうでなければ、それらの人々は、ウマやシカやオーロックスと並んで、ドングリや塊茎やブナの実を壁画に描いただろう。狩猟は、弓、槍、投槍器のような道具を作り出して使うために、考えること、チームワーク、そしてコミュニケーションのスキルを必要とした。正確な予測をするには、動物の足跡に精通していること、現実にたえず引き比べながら想像する練習が必要だった。動物への感情移入はほとんど避けがたい副産物だったろう。なぜなら、狩猟者たるもの、動物の行動を理解し予測するために、その「懐に入りこむ」必要があったからである。ヴァン・デル・ポストの記録では、ブッシュマンは熟練した狩猟者で、「ゾウやライオンやスタインボックやトカゲ……であるとは実際にどんな感じなのかを知っているように見えた」。彼らは、獲物を追いかけて捕まえるときの持久力でもよく知られている。強さ、持久力、視力、そして狩りへの情熱とともに、狩猟者は正しい知識をもっていなければならなかった。大型動物を狩ることは、男たちの間の協力とコミュニケーションがなければ不可能だったろうが、それはまた女たちとのパートナーシップも含んだ。皮を剥いだり、肉を加工したり、皮を鞣《なめ》したり、衣服や道具や隠れ場所を作るためだった。人々の生活の中で近づいて仕事をすることの重要性は、ほとんどすべての動物の場合と同様、配偶者選択のための通貨となり、性淘汰をひき起こしただろう。オーロックスを殺したかまたは殺すのを手伝った男は、それをしなかった男よりも配偶者として好まれるだろう。それとちょうど同じように、動物の皮を鞣してそれから暖かい衣服を作ることのできた女は、男から高く評価されただろう。たいへんな難問に対処する能力は、その人の他の面での価値とは独立に、価値の象徴であっただろう。クジャクの尾羽が示すとおり、大きいことは、潜在的なコストにもかかわらず良いことで、その原則は深く根付いている。わたしは、得ることができる最も大きな雄のシカを見送るような(丸々とした)メインのシカハンターや、最も小さいシカを撃つと自慢するようなハンターに会ったことがない。

最も大きなものをしとめるという信仰は、当時のほうが今よりも強かっただろう。それは単に成功の尺度であっただけでなく、わたしたちの生計の基礎でもあったからである。わたしたちは、ニュージーランドのモアの多くの種と、マダガスカルのエピオルニス〔最も重いものが体重一〇〇〇ポンド

（約四百五十三キログラム）」を根絶やしにするのに「成功」した。ゾウと巨大なカメはそのころまで長い間、忘れられていた。それらの動物はだれの意識にもなかった。

最初の人間の波がアメリカに押し寄せたとき、そしてマンモスとオオナマケモノが殺されたとき、そこにはおそらくまだ限界という知識がなかった。そして人間たちがますます新しく強力な武器を備えて最後に侵入してきたとき、最大の陸上動物、すなわちバイソンは瞬く間に姿を消した。

「大きい」は、ときには個体よりも集団を表した。エスキモーコシャクシギ（現在は絶滅）は、厚い脂肪の層が練り粉の玉のような感じだったので、「ドウ・バード（練り粉鳥）」と呼ばれたが、ナンタケットで、島に弾薬がなくなったときだけ殺戮が止んだというほど大量に撃たれた。リョコウバトは、電気通信の道具と列車が鳩狩りの人々を数々の広大な繁殖コロニーへ運ぶとき、滅亡が運命づけられた。オオウミガラスとドードーは、やはり島で大きなコロニーになって暮らしていたが、船で近づけるようになり、すでにずいぶん前に消え去った。

ゾウに対処するという難題は、最初にわたしたちを今のわたしたちのようにしてくれた、つまり、わたしたちがやがてさらに大きな狩猟動物に挑戦するための革新に有利に働いたかもしれない。三〇〇万年か四〇〇万年くらい前にわたしたちが肉のエネルギーに手をつけたことが、「ランナウェイ」進化[1]を引き起こし、一つの革新が次の革新を猛烈な勢いで生み出した。これが結局、人間の社会的進化の新しい段階へとつながった。それは今や生物学的ではなく文化的なもので、その段階は、三億年前の植物、最も多くは木々の遺物のリサイクリングからエネルギーが大量流入することによって活気づけられ、維持された。この化石エネルギーの加工は鉄の精錬につながり、これがエネルギーを抽出するためのさらに多くの道具へと道を開いた。今ではこれらのプロセスは、大昔のソテツ、トクサ、木生シダを食うことによって、農場や工場を通じてわたしたちに燃料を供給している。わたしたちは、いつの時代も究極の腐食者である。石炭の森から地球の動物のバイオマス——家禽と家畜哺乳類（そしてだんだん魚類も）の大きな部分まで、すべては、持続可能な世界の生態系にではなく、直接わたしたちの中に循環してくる。これまで、「成長」を止めようとする意識的な努力があったという証拠はほとんどない。人々（たぶん中国人を除いて）は、わたしたちが個人としてそうすることを選ぼうと選ぶまいと、守られなければならない人口の限界があることを、まだ心の底から認識していない。そして、今やわたしたちがもっている道具キットは、子どもの手にあるマッチ箱のようなものだということも、わかっていない。わたしたちは、資源を常に必要とすることをやめることはけっしてないが、自らの成長をやめることはできる。そうすれば、わたしたちが使うことのできるものの選択の自由を与えてくれるだろう。

〔1〕訳注：進化生物学における「ランナウェイ説」とは、「雄の派手な形質とそれに対する雌の好みの進化は、その両者が正のフィードバックを起こして加速度的に強化されてゆく過程によるとする説。」（岩波生物学辞典第5版より）

II

北から南へ

わたしがこれを書いている今日は、メインの五月中旬である。わたしのまわりの自然の世界は一か月前の様子と劇的にちがう。色が新しい次元として現れてきた。二週間前、灰褐色の森で覆われた丘が、花をつけたアメリカハナノキの赤い大きな斑点で噴火したのだ。一週間後、赤い斑点に、花をつけたサトウカエデの淡い黄色の小さな斑点が混じった。その一日か二日後、ジュンベリーといわれるザイフリボクの白がちりばめられた。それは緑の上げ潮の中に白いシーツがぶら下がっているようだった。その実はまだ青いが、ほとんどいつもたくさんの種類の鳥たちに熟する前にもついばまれる。この木は、礼拝ベリーともよばれる。冬の間に亡くなった人々のために教会の礼拝が伝統的におこなわれるときに花を咲かせるからである。遺体は、春が来てコンクリートのように固く凍った土を和らげるまで、地上に保たれた。

新しい生命の始まりの季節と死者の処理は、北部では周期的なもので、木々の開花の季節学は季節の最良の暦である。しかし、暦は地域特有で、埋葬は葬儀屋たちが活動しているときだけおこなわれうる。ここ北部では、つまりわたしが住んでいる所では、シデムシは冬と春の初めには動き回っていない。細菌による腐敗はほとんどまたはまったくなく、ハエやハエの幼虫はいない。そしてコンドルは、冬を過ごす南の地域からまだ戻って来ていない。主な葬儀屋たちのうち、いくつかの哺乳類とワタリガラスだけが冬の間も残っていて活動を続ける。

北の冬――鳥たちにとって

わたしたちは、あるがままにそれが好きだという物事を愛する。
――ロバート・フロスト「ハイラの小川」より

死んだ動物の処理に影響するすべての変数のなかで、温度は最も広い意味をもつ。低温では、細菌は分裂をやめ、昆虫の腐食者たちは飛ぶことができず、コンドルたちは、首が裸なので、南に行かなかったら凍えて動けなくなるだろう。わたしが七月にあのシカの死体を外に出しておいたとき、いつになく高い気温のために、ハエたちは群れになってやって来て、鳥類や哺乳類を含むすべての他の競争者たちに勝つことができた。もしそのシカが秋か冬か春の初めに同じ場所に置かれていたなら、その大半はたぶんワタリガラスたちによって「空葬」で処理されていただろう。

しかし北の自然の生息地で葬儀屋に参加する者たちの第一陣は、オオカミ、大型ネコ、コヨーテで、彼らは弱った動物を殺すか、または飢えや老いや病気のために死んだ動物を裂き開くことによって、死体を用意するかもしれない。キツネとイタチ科動物（クズリ、フィッシャー、テン、イタチ）、そしてときにはハクトウワシやイヌワシなどの大型の猛禽が次にやって来る。彼らの後に来るのは今度は、ワタリガラスとカササギ、そして最後にカケス、コガラ、そしてたぶんキツツキとゴジュウカラの類で、これらの鳥は最後のおこぼれをついばむ。

北アメリカ大陸で、かつてここに存在した壮大な大型動物相の名残をとどめている数少ない場所の一つは、ワイオミング州のイエローストーン国立公園である。ここには現在、シカ、エルク、バイソンの個体群と、それらの動物の狩猟者-腐食者——クマ、イヌ科動物、イタチ科動物、ワタリガラス、カササギ、ワシ——がいる。最近、再導入されたオオカミは、今では頂点の捕食者である。ただし、ときとしてオオカミは、老いた者と弱い者を優先的に殺すという点で、たぶん熱心すぎる「葬儀屋」であり、わたしたちが自身について考えるような「自然な」死はめったにないできごとであることを意味する。すべての死体処理の場合と同じように、参加者たちは重なり合って行進する。オオカミたちが一頭の新鮮なエルクやバイソンの死体を開いているときにさえ、ワタリガラスとカササギの群れが次々にやって来て、祝宴に参加する。イヌワシとハクトウワシは一羽一羽で参加するかもしれない。そして一日以内に死体は丸裸にされる。イエローストーンは、かつての北の楽園の一例で、その楽園では、人々は丘にあるキャビンで暮らし、必要ならばエルクを狩り、マスを釣り、秋にはベリーを摘み、夏には小さな畑を育て、そして後には自分の身体をそれまでに取られたものの証拠として残すことができた。今ではその国は、人間の観点から、主に眺めるために保護されている。

わたしたちは、持っているもので間に合わせなければならない。わたしにとって、メインは見ることとすることとの折衷案として悪い選択ではない。メインにはたくさんの野生の森があり、ムース、シカ、アメリカグマの個体群がいて、過去半世紀の間にオオカミの特徴をもつイヌ科動物が戻って来ている。ワタリガラスは、第一の北の葬儀屋で、やはり戻って来ている。コヨーテが彼らの生存のための鎖の環を提供するからである。コヨーテは冬に弱って死んだシカを切り開いて、ワタリガラスが冬に食物を見つけられるようにする。冬にワタリガラスたちは、一年でひなが自給自足できるまでに育てる時間をもつために、巣作りを始める必要がある。わたしはこれらの森が大好きだ。これらの森とともにいると心地よい。これらの森はまちがいなくわたしより長生きし、したがってコヨーテも、シカも、ワタリガラスも、そうだからである。

わたしは、ワタリガラスを理解しようとして彼らと一緒に暮らしたことがあるが、それは細かく観察するために彼らを引きつけ、ときには馴らすことを意味した。わたしと同僚たちがメインの冬の森で運命を観察してきた非常に数多くのシカ、ムース、そして他の野生動物と家畜化された動物たちは、ワタリガラスに食べられた。そしてわたしたちには今でも、二、三十年の長きにわたってワタリガラスのコミュニケーションと他の行動の手引きとなってくれている何羽かの年老いたワタリガラスの友がいる。エドガー・アラン・ポーは、ワタリガラスを詠った有名な詩「大鴉」（The Raven）にこう書いている。

［私は……］
それからそれと

空想の糸を辿った、いにしえのこの不吉な鳥が――
いにしえのこのもの凄い、無様な、いろ青ざめて、やつれた、不吉な鳥が、
「またとない」としわぶくとき何の意味かと考えながら。[1]

明らかにポーは、「寝室の扉にとまった」一羽のワタリガラスを描きながら、この鳥たちの一羽にも会ったことがなかった。あるいは彼の鳥は寝室の扉に少し長く止まりすぎていた。

それは二〇一〇年の十一月中旬、典型的な晩秋の日である。わたしはシカを狩る（しかし必ずしも見つけるわけでなく、まして撃ちはしない）甥と一緒にキャンプにいる。他の友人たちもわたしたちと一緒で、彼ら全員がいなければ、日々はこれほど楽しく満足のいくものではないだろう。わたしの二羽のワタリガラスの友、ゴライアスとホワイトフェザーも参列している。いや少なくともわたしはそう思う――わたしはもう彼らであることを確実に見分けられない。そのことはちっとも問題ではない。もしこのペアのどちらかが過去二十年間にわたって入れ替わっていても、その新しい鳥はもとの鳥と同じ価値がある。わたしはたくさんのワタリガラスと知り合ったが、好きではないと思ったワタリガラスに会ったことがない。

一九九三年の春に、わたしはひよこからゴライアスを育てた。他の赤ちゃんカラスと同様、そのひよこは丸々太っていた。一人前になる用意ができると、赤ちゃんカラスは成鳥と同じくらいの体重に

なるが、翼と尾の羽毛はまだ非常に短い。ゴライアスは不器用で、飛べるようになる前は、いばった歩き方と思われそうな風情でよたよた歩いた。わたしが彼の頭を掻くと目を閉じて、柔らかくかわいらしい声でゴロゴロいうことがなければ、いばっているように見えた。彼と彼の巣仲間たちは、後にわたしの鳥舎でたくさんの知能テストを受けることとなり、コーンチップスを積み上げたり、複数のドーナッツを同時に運んだり、長いひもの先にぶら下がったサラミを取ったりという、パズルを解いた。記憶と競争者の反応の予期を含む、食物を隠す行動のテストもあった。

大きくなった後は、ゴライアスはすべてのワタリガラスと同様、力と優美さの典型だった。彼の長い翼が空気を切るとき、羽ばたくたびにヒューと切り裂くような音がした。彼が水平に時速四十マイル（約六十四キロメートル）で飛ぶと、赤い尾と広い翼をもつタカがまるで飛ぶ鳥として素人のように見えた。ときには彼は空高く舞い上がり、広げた翼に乗ったワシのように、翼を広げて羽ばたかずに滑空するのだった。ワタリガラスは、「両方のやり方で」――たくさんのやり方とはいわないまでも――飛ぶことができる種である。

ゴライアスが三歳のとき、彼はわたしのメインの鳥舎で二十羽くらいの野生のワタリガラスの集団と一緒にいて、彼とその集団の一羽の雌はすぐに友だちになった。彼とその雌、ホワイトフェザーの関係を見て、わたしは鳥舎の一つの区画を彼らに与えた（鳥舎には三つの区画があって、合計で約四十万平方メートルあり、わたしの森に作り付けられていた）。彼らの区画には、一本の太いトウヒの木の樹冠の下に地面から三メートルのところに取り付けられた小屋があって、ワタリガラスが巣を作りたがる屋根に覆われた崖のくぼみを模していた。一九九六年に、彼らはその小屋の中に巣を作った。

ホワイトフェザーは彼らの巣に四個の卵を産み、このペアは二羽のひなを育てると同時に、わたしが追加した四羽のひなを養子にした（わたしのバーモントの鳥舎にいたフーディの子で、フーディは自分の子を放棄していたのだった）。わたしはそれから、ゴライアスとホワイトフェザーが外に出て子のためにいくらかの食物を見つけることができるよう、メインの鳥舎の側面の一つをはがした。このペアはメインの森の中で自分で食物をあさった。ただしゴライアスは、子たちが一人前になった後まで、ずっと施しに期待していた。後年、一九九六年以降は、わたしはバーモントに住んでいたが、たびたびワタリガラスたちを訪ねて行った。彼らのなわばりの近くに来ると、わたしはいつもゴライアスの名を呼んだ。すると彼は近くの森から返事をして、わたしにあいさつをするために森から飛んで出て、わたしが彼にもってきたお土産を受け取るのだった。夏には、妻がその当時は一緒に来ていて、わたしたちがキャビンのそばのたき火の火で食事を作っているとき、彼はいつも、わたしたちのグリルのそばにある大きな枯れたカバの木に止まるのだった。彼の連れ合いは、近くのマツの木立に姿を隠して沈黙を守った。ただし、ときどきそこから呼び声がしたが。

ゴライアスが年をとってわたしたちとの接触がだんだん少なくなるにつれ、彼はより独立独行になった。わたしはバーモントではバーリントンにある州立大学で教えていたのだが、彼をバーモントに連れていくことができなかった。彼は他の人々と育っていなかったし、初めて他の人々と出会って、早すぎる死を迎えそうだったからである。しかしわたしは、定期的に彼を訪ね続け、必ず彼に食物を残した。彼は狩猟者になりつつあった。わたしは、鳥舎のそばのアメリカハナノキの下にアオカケスの羽毛と一匹のハイイロリスの残骸を見つけた。彼は自分自身の食べ物を見つけていて、もうわたしの施しに頼っていないのだと思った。

ある年、ゴライアスは、わたしがいつもより長く姿を見せなかったために、明らかにわたしにいらだち、あるいはたぶん腹を立てるようにさえなる。以前、ときどき彼はわたしと一緒にキャビンの中にいることがあった。たぶん彼は、わたしが中にいて、外に出て彼にえさをやるのをいやがっていると考えた。もちろんわたしは彼が何を考えていたのか、見当もつかないのだが。しかし彼がしたことはわかる。キャビンに戻ったとき、わたしは丸太と丸太の間に詰められたチンキングがたくさん引き抜かれているのを見つけたのだ。ゴライアスはそれまで、チンキングの繊維を一本でも取ったことはなかったのだが。彼は屋外便所にも行き、そこでトイレットペーパーのロールを取り、巻き戻して、木々や地面のそこいらじゅうに切れ端をまき散らしていた。それ以後、彼は二度とわたしのところに来なかった。あらゆる点から考えて、彼は去ったほうがよさそうだった。わたしは彼がそうしたと思った。

わたしは一九九七年の秋の大部分、メインにいなかった。そのときゴライアスは四歳で、わたしがそこに行ったとき、ゴライアスもホワイトフェザーも見えなかった。しかし、わたしは一九九八年の元日（メインで大規模な雨氷をともなう嵐があった年）のすぐ後、二、三日後の冬の生態学クラスの生徒たちに会うために戻った。ほとんど二週間の間、ワタリガラスを一羽も見なかったが、一月十日、わたしたちが出発しようとしていたとき、ペアが、どこからともなくとでもいうように、とつぜんやって来た。わたしは彼らを見ておおいに驚いた。彼らは二羽とも、鳥舎のところで、彼らが前に巣を作った小屋の中で、大騒ぎをしていた。

彼らはまた巣を作る準備をしていた。他の雄のワタリガラスと同様、ゴライアスは、前にうまくいった巣の場所に戻りたかった。彼は、自分たちの古い巣を視察するために、くり返し鳥舎に入った。彼女はしかし、入ることを拒んだ。わたしはそれまで八ヶ月の間、彼を見ていなかったし、彼はわたしに興味がないように見えたが、彼はわたしのすぐ上の、アメリカハナノキのお気に入りの枝によろこんで止まった。そこに以前彼はときおり食べ残しのリスの断片を残していた。彼はその巣に戻ることを主張し続け、彼女は抵抗し続けた。結局、四月に、つまりその地域での巣作りには非常に遅い時期に、彼らは「妥協し」、近くの大きなマツの木の高いところに巣を作った。五月八日に、彼女は卵を抱いていた――他のその地域のワタリガラスのほとんどは巣立ちの準備ができた子をもつ時期に。わたしが二個の白いニワトリの卵を彼らの巣がある木の下の切り株に置いたあと、彼らが大声で騒ぐのが聞こえ、それから彼らは巣を捨てて消えたように見えた。わたしは彼らを二日間見なかった。卵はワタリガラスの好物のお土産だが、彼らはふつう卵が切り株の上にころがっているのを見つけることはない。彼らがその卵をどう思ったのか、わたしにはわからないが、それがもとで彼らは巣を投げ出したように見える。

ワタリガラス（*Corvus corax*）の一組の交尾ペア。肖像と、互いに羽づくろいをしているところ。ワタリガラスは生涯続くペアを形成する。

わたしは巣に登っていって、彼らの四個の卵がコケとシカの毛の巣の裏打ちで覆われているのを見つけた。彼らは二度と戻って来なかった。これは非常にめずらしいことだった。わたしは卵が入ったワタリガラスの巣を何十個も調べてきたが、他に巣が放棄された例はなかった。わたしがくり返し視察した後でも、自然色または鮮やかな赤や緑に塗ったニワトリの卵や、懐中電灯の電池、ジャガイモ、石などを巣に加えた後でも、巣は放棄されなかった。わたしが加えたものすべては受け入れられ、卵と同様にあたためられた。（わたしから）疎遠になったペアがなぜわたしの気前のよい贈り物の後、ただちに巣から立ち去ったのか、わたしには見当がつかないが、野生のペアならそうはしなかっただろう。ひところは、ゴライアスはわたしをいつも食物をくれる人だと思っていたのだが、わたしが突然彼への食料供給をやめた後、わたしの家をはげしく攻撃し、わたしを捨てたのだ。ワタリガラスはけっして忘れない。わたしは今や泥棒より悪者に見えた。彼らが最もほしがる唯一の珍味をわたしが突然差し出したとき、たぶん彼らは罠だと思った——わたしは悪事をたくらむ者でしかなかった。

わたしはその鳥たちが今すぐ自分のなわばりを去るのではないかと心配した。しかし、その年には巣を作らなかったにもかかわらず、彼らは明らかに自分たちの「口論」に決着をつけた（そうでなければ離婚になった）。なぜなら、それ以降のほとんどの年に、彼ら（または別のペア）は同じマツの木に巣を作ってきたからで、いつもシーズンの初めに作業を始め、そしてやり終えた。

ワタリガラスの交尾ペアの間に争いがあるのは、めずらしくないかもしれない。バーモントのわたしの家の近くで、その地元のペアは二〇〇九年にちょっとした崖に巣を作ったが、捕食者が羽毛の生えそろったばかりのひなを殺した。翌春、そのペアはそこで再び巣作りを始めたが、半分できたところで彼らはその巣を放棄し、別の巣を近くのマツの木で完成させた。そこで彼らは一孵《かえ》りのひなをうまく育てた。二〇一一年の春、彼らは同じマツの木の同じ枝に不完全な巣を作ったが、その後その巣を放棄し、前の崖の場所に別の巣を作り直して、そこから彼らはのちに一孵りのひなを巣立たせた。

二〇一〇年のこの十一月の日に、わたしはこのワタリガラスのペアが夜明けにわたしのメインのキャビンに近いマツの木立にあるねぐら（そして営巣場所）から鳴くのを聞く。彼らが一年中ほとんど毎日するのと同じだ。どのカラスが何と言っているのかわからないが、彼らはしばしばいくつかの異なる種類の鳴き声のレパートリーを通して鳴き、そして数分の「会話」の後、彼らは飛び立ち、一緒に、または別々に飛んで行く。夕方になると彼らは戻って来る。彼らがそれまでどこにいたのか、わたしには皆目わからないが、わたしが日中に近くの森に出かけたときには、ほとんどいつもどこからかワタリガラスが鳴く声が聞こえる。ときには一羽で上を飛び、ときにはペアで飛んでいる。わたしは彼らを識別できないが、一羽はゴライアスかホワイトフェザーかもしれない。（ゴライアスがかつてつけていた色のついたプラスチックリングは、まちがいなく今ではすり減って落ちてしまっているだろう。ホワイトフェザーの翼のタグは金属製の鋲で取り付けられていて、この冷たい金属が原因で付近の羽毛が白くなった。タグが紛失してから、羽毛は次の生え替わりで置き換えられて、もとの色に戻ったかもしれない。）

今日、チャーリーとわたしは彼らに何か——つまり、もし手に入ればシカの内臓——を残したいと思う。二年前、狩りでうまくいったとき、腸の束をキャビンから五百メートルほどのところに置いておくと、ワタリガラスたちは一時間経たないうちにその上にいた。今日、朝七時にライフルをもってトウヒの木の高いところに陣取っていると、シュー、シュー、シューという一羽のワタリガラスの力強い羽ばたきが聞こえる。わたしが知っているどの他の鳥もそのような音、そのような肉体的な力を示す音を出さない。そのワタリガラスはわたしの真上に飛んで来たが、わたしがわかったというサインは示さなかった。その鳥は飛び続け、それから近くに止まった。それから三十分の間、すべての種類の拍子、音高、イントネーションのクワークとゴボゴボ音の途切れない独り言が聞こえた。このワタリガラスの「歌」は、ベルのような音と、満足げな高い音のゴロゴロトリルからなっていて、それはわたしが以前、彼らに魅力的な死体、たとえばシカの死体を残したときに聞いたことのあるものだった。その鳥が満足しているかどうかわたしにはわからなかったが、落胆していないことは確信した――その鳥はたぶんすばらしい食事を期待していた。そのワタリガラスは一頭のシカかムースを見張っていて、狩猟者（わたしたち）の存在を仮定して、それを食物と関連づけたのだろうか、と思った。もしそうなら、その鳥の喜びの表現は、それだけで自己成就予言だったかもしれなかった。ただし、ワタリガラスがシカや他の潜在的な食物を見るとうれしくてそれらの鳴き声を出すことを、近くにいる狩猟者が知っていなければ、その予言は成就されないのだが。

ワタリガラスたちの音楽は、予定通りにチャーリーが来るまで、二十分間続いた。

「ワタリガラスの声を聞いたかい」とわたしは尋ねた。

「もちろん聞いたよ。そのすぐ近くを通ったよ。それからその近くですごく新しいシカの足跡も見たよ」。三十分後にわたしたちは獲物のシカを殺した。

そのワタリガラスの呼び声は、何かの目的を達成する「ための」意識的な行動ではないようだ。ツグミ、ムシクイ、フィンチの歌が喜びと活力の表現だと考えるのと同じくらい、わたしはそれらの歌が、配偶者を引きつける「ため」、なわばりを宣言する「ため」、ライバルたちを追い払う「ため」であることも「知っている」。不幸にして、そのような知識は、わたしが鳥のいろいろな歌に特定の機能を割り当てることを可能にするが、わたし自身の頭の中でそれらの動物たちにいくぶん機械的な外観をあたえる。しかしワタリガラスの場合、そのような解釈をすることは必ずしも客観的ではない。

わたしが聞いていたものはジャズの即興演奏のようだったが、一つの楽器だけによる即興演奏ではなかった。それはたくさんの声のメドレーのように聞こえた。そのワタリガラスは楽しんでいるように見えた。わたしはそれより上機嫌の鳥の歌を思いつかない。ミソサザイの一種の歌は別かもしれないが。しかしもしミソサザイが楽しみのために歌っているとすれば、それは巣作り直前の春の短い期間だけの楽しみである。ワタリガラスは、たまのこととはいえ、一年のどの時期にも歌う。それは遊びなのだ。

遊びは、ワタリガラスの特徴の一つである。そして遊びは、「純粋な」喜びの表現である。それをすること以外の報酬を必要としない。ワタリガラスの飛行にもそれがある。一年のいつでも、ワタリガラスが一羽で直線を描いてずっと飛んでいるのを見ることができるが、まるで目的地があるかのようで、わたしは目的地があるのだろうと思う。そのワタリガラスは、ゴボゴボ声や他の鳴き声の独り言に没頭しているようだが、突然、片方の翼を横にしまい込んで、錐揉みしながら急降下する黒い爆弾のように転げ落ち、数秒後、広げた翼で身体を支え、それから飛び上がって、前と同じように直線飛行を続ける。それは活力のみなぎりのように見える。そしてこの行動にはふつう、ワタリガラスの観客はいない。

あるワタリガラスの「精神」がどんなものか、わたしにはわからない。しかし、もしこの鳥の定義となるような特徴を選ばなければならないとしたら、それは大衆文化で描かれてきた特徴といろいろな点で正反対のものだろう。ポー風にいう「不快」で「不吉」であるのとはほど遠く、ワタリガラスたちは地球上で最も陽気な鳥で、とくにごちそうにありつけそうなときは陽気で、そのうえ、彼らはいちばん楽しそうに空葬をおこなう。もし選べるなら、わたしはワタリガラスに生まれ変わるだろう。

ワタリガラスは、ほぼまちがいなく、北半球で最も重要な死体消費者である。あるいは少なくともそうだった。彼らはカラス科でトップの死体専門家である（冬のカササギが二番手かもしれない）。ただし、鋭い切歯をもつ哺乳類が死体を切り開くまで、それを食べることができないのだが。ふつう、哺乳類が最初に冬の寒さで死んだ動物のところにやって来て、ワタリガラスはその後を追う。メインの森でフィールドワークをしているとき、博士研究員のジョン・マルツルフとわたしは、ワタリガラスがムースとエルクだけでなく約二百頭の死産の子ウシ、たくさんのヤギ、ヒツジ、ウシ、ウマ、そしてアライグマからヤマアラシまで、あらゆる種類の道路ではねられた動物の死体を処理することを発見した。

わたしたちは多数のワタリガラスを、死体のところあるいは共同のねぐらの近く以外では一度も見なかった。共同のねぐらのメンバーは夜には寝ていて、翌日、近くにある死体を食べた。いちどきに

ワタリガラスが一頭のエルクの死体で採餌しているところ。死体を切り開いた者、つまり彼らへの提供者とともに。

たくさんのワタリガラスを見たときで、ふつう五十羽より少なかった。しかし、個体識別できるように四百羽以上の翼にタグをつけてから、どの死体でもやって来る鳥はほとんどたえまなく入れ替わっていることがわかった。

冬に、地面が霜で石のように固くなっているとき、昆虫の葬儀屋たちは不活発で、温血動物の冬のチーム、主にコヨーテ、ネコ、キツネ、ワタリガラスがその代わりにやって来る。冷えた肉は鮮度を保つので、潜在的には何か月もの間、価値ある資源となることができ、長く利用可能であればあるほど、多くの鳥を引きつけるように見える。わたしは以前、二頭の成熟した皮のついたホルスタイン牛を入手したことがある。一頭の体重が約一トンだった。わたしは、ワタリガラスの食欲を満たし、ことによると死体をむさぼる彼らの能力を圧倒することが物理的に可能か、知りたいと思った。番号をふって色をつけた個体識別できる翼タグから、そしてごちそうにやって来たタグつきのワタリガラスたちの数から、わたしはそこで食べたカラスの総数を計算することができた。総数は五百羽近かった。二週間のうちに、ワタリガラスたちは二頭のウシからほとんどすべての肉を取り去ってしまった。しかしそれは、彼らがその肉をすべて食べてしまったことを意味しない――それとはほど遠かった。

死体がすぐになくなるのを埋め合わせるため、ワタリガラスたちはできる限りたくさん運び去って、将来使うために隠して蓄えようとする。彼らは肉の荷を持って飛び立ち、雪の上または地面に降り立ち、食物をおろし、それからくちばしを使って小さな穴を掘る。彼らは肉をその穴の中に入れ、雪や近くのゴミで覆い、それからすばやく飛んで戻って、新たな荷を持ってどこか他の場所へ隠しに行く。

これは冬の作業で、死体はしばしば凍った岩のように固いので、肉をはがしとるには多大な時間と労力がかかる。氷点下の気温では、死体から肉を取るには肉そのものが供給するエネルギーよりも多くのエネルギーを要することがあるので、ワタリガラスたちは他のワタリガラスがどこで隠すかを見張って、盗もうとする。その戦略に対する対抗戦略として、隠す鳥たちは泥棒かもしれない鳥から見えない遠いところに移動する。メインでは、ワタリガラスの大群が集まってきた冬の死体のところでは、その鳥たちが途切れなくあらゆる方向に飛び立って隠しに行く。その死体が一組の交尾ペアだけによって守られ使われているのでなければ、鳥たちは一つ一つの蓄えを隠すために、毎回ふつう一キロメートルかそれ以上飛んで行く。一羽一羽が、次々と何個もの蓄えを隠す。彼らはそうする必要がある。なぜなら、肉の多くは、隠してもある種の動物、つまり嗅覚で狩りをする哺乳類からは隠しきれず、発見されることになるからである。わたしが思うに、コヨーテのようなイヌ科動物は、人間の臭いで染まった死体に近づくのをこわがり、最初に死体に近づく機会を提供したいわば見返りに、ワタリガラスの隠した蓄えに頼るかもしれない。

バーモントでわたしは、ワタリガラスのえさ場として地上約十フィート（約三メートル）の高さにプラットフォームを作った。すべての道路ではねられた動物と台所の残飯はその上に置かれ、今では一組の地元のワタリガラスペアがそれを「所有している」。うちのイヌはイエロー・レトリーバーでヒューゴという名前だが、彼はそのワタリガラスペアを自分にえさをくれる者だと思っているようだ。なぜなら彼は、ワタリガラスたちがやってくるのを窓越しに見てから、わたしの「ワタリガラスレストラン」へと駆け下りていくことがよくあるからだ。彼はときには、ワタリガラスたちが落とした食物の残りを見つける。また、ワタリガラスが近くに隠した蓄えをくすねる。

ワタリガラスによって隠された肉のどれくらいの量が、それを隠したワタリガラスまたは他の動物のどちらかによって回収されるのか、わたしにはわからないが、その量は多いかもしれないと思う。

肉は臭いがするので、ヒューゴはワタリガラスの隠しものをいとも簡単に見つけるように見える。隠すところを見ていなかったものでもである。

ワタリガラスが冬に死体からえさを採るとき、まもなく周囲何キロメートルにもわたって肉がまき散らされることになる。その多くはコヨーテ、イタチ、シロアシマウス、ヤチネズミ、モモンガとキタリス、フィッシャー、ブラリナトガリネズミとトガリネズミによって食べられるだろう。こうして、ワタリガラスたちが冬の食料とするどの死体もリサイクルされて、その鳥たちだけでなく、凍てつく季節を生き延びるために肉を必要とする哺乳動物相の大きな一部になるだろう。

注意。この本が二〇一一年十一月に印刷されようとしていたとき、右の翼に白い羽毛をもつひとりぼっちのワタリガラスがわたしのキャビンの近くの空地で観察された。これがホワイトフェザーについてのわたしの物語に新しい趣向を加えた。何はともあれ、その同じ期間にわたしはある非常に珍しいワタリガラスの行動を見ていたからである。十一月九日の朝五時半頃、わたしはしっかりした眠りから覚めた。キャビンに隣接するマツの木立にあるいつもの休息場所から「わたしの」ワタリガラスペアが興奮した声で鳴くのが聞こえた。早朝の暗闇の中に出て行くと、ワタリガラスペアは飛び立って空地の上を旋回し始めた。三羽目のワタリガラスがそのマツの木立から鳴き続け、それからペアに加わったが、すぐに木々に戻った。空中のペアは、鼻声のガンのような鳴き声、キーキー声、ケック声、ホーホー、ノック鳴き（雌の求愛鳴き）の会話を途切れなく続けた。鳴き声は、ワタリガラスペアがわたしの一マイル（約千六百メートル）以上上空を旋回するにつれ、わたしの耳にはだんだん弱々しく聞こえるようになった。三羽目のカラスは止まったままで、ときたま大声で鳴いた。

ペアは、すっかり明るくなった後もまだ踊り跳ねていた。わたしには、かろうじて見える黒い小さなしみが雲の上で踊っているように見えた。わたしは魔法にかかったように立ち尽くし、ノートを取り続けた。あとで「信じられないワタリガラスの経験――驚きで息が止まりそうだった――こんなことは経験したことがない」と書いたことについてである。

彼らは少なくとも一時間の間、空中ダンスを演じたが、その間に彼らが三フィート（約九十センチメートル）以上離れるのをわたしは一度も見なかった。それから黒い雷電のように雲を貫いて飛び出した。彼らは翼を中へ引っぱり入れてほとんどまっすぐに打ち下ろし、それから再び空気をとらえて、優美に螺旋を描いて上昇してはまた岩のように降下するのだった。それは音と動きのバレエだった。

正午、それから午後四時二十分に、ほとんど暗くなったとき、わたしはまた彼らのダンスを見た。夕暮れ時に彼らは松林にある寝場所へ戻ったが、このときは攻撃的な、スタッカートのケック声が聞こえ、それは激しい、徹底的なチェイスをともなうもので、鳥たちは木の頂上をまさにかすめて飛んでいた。第三の鳥は後を追ったが、見たところ受け身の行動だった。

翌朝五時三十分、星がまだ明るく輝いている時間に、そのワタリガラスたちがまたわたしを起こしたので、わたしはベッドから跳び出した。彼らは空中ディスプレイをくり返した。第三の鳥は近くの木々に留まり、ときおり長く起伏のあるなわばり鳴きをしていた。それは、この丘を所有するワタリガラスたちに特有のものだとわたしが思うようになったなわばり鳴きである。ペアは地上に戻って来るまで四十五分間、空中に留まった。再び彼らはもう一羽の鳥とやり取りした。ただし、彼らは森を通り抜けて飛んでいたので、わたしは何が起こっているのか判断できなかった。じゅうぶん近くから、あるいは上から見たわけではないので、一羽がホワイトフェザーかどうかを見定めることはできなかった。だが、そうだと思った。

個体を識別したり彼らの広い領域を通して追跡したりすることができなければ、何が起こっていたのかを言うことはできない。ただし、一つのことを除いて。それは、ある思い込みのために解釈をまちがえたかもしれない、ということである。

一九九八年一月、わたしは、ゴライアスと一緒に古い営巣地つまり鳥舎に戻って来るのはホワイトフェザーだと思い込んでいた。今、考えてみると、すでに離婚があって、鳥舎に入ることをためらう新妻は実際ホワイトフェザーではなかった、ということも同じくらいありそうである。ホワイトフェザーは、放したときに彼女の古いなわばりに帰っていたかもしれなかった。たぶん今、十三年後に、彼女はいくつかある理由のどれかで、戻って来ていた。たぶんゴライアスは、今、彼女との古い絆を再びたしかめようとしていて、だから彼の新しい連れ合いを古い連れ合いと闘わせた。それぞれが同じ連れ合いと同じなわばりを得ようと争ったからである。わたしたちが知っていることから考えて、いくつかの可能性がある。たくさんの物語が紡げたかもしれない。

北の冬——鳥たちにとって

〔1〕 日本語訳は、『ポー詩集』新潮文庫「大鴉」より引用

ハゲワシやコンドルの集団

わたしがハゲワシたちと最初の記憶に残る遭遇を果たしたのは、二十一歳のときで、東アフリカのタンガニーカ（現在のタンザニア）でのことだった。わたしはダル・エス・サラームの外縁で「ブッシュ」（低木の森林地帯）を探検していた。日記に書いたことを編集したものが以下である。

一九六一年十月二十四日。ここのアフリカ人たちは、多色のコブウシの大きな群れをいくつも維持している。夜には、そのウシたちは灌木ととげのある植物でできた柵囲いの中に入れられているが、日中は、牛飼いがウシたちをゆっくりと駆り立てて田園地帯を通り抜ける。これらのウシはすべてかなりやせているように見え、眠り病や何か他の病気にかかって急に死んだときだけ屠殺されるのだと思う。今朝、わたしは皮を剥がれたばかりの死体に出くわした。死体から肉のほとんどはすでにずたずたに切り取られていた。それは狭い谷の底にあって、遠くからは見えなかった。わたしが死体を見つけたとき、ちょうど明るくなりかけていて（早朝）、死体はまだ動物たちにやられていなかった。一時間ほど経ってから現場に戻って、半時間の間、すわって、見て、聴いた。最初は、数羽のハゲワシだけが周囲の木々に止まった。そのうちの何羽かは死体に近づき、彼らが去った木々は即座に他のハゲワシに占拠され、そのハゲワシたちは文字通り枝の中に身体を投げ出したので枝は揺れてがたがた音を立てた。それから一羽か二羽が死体のところへと飛び降りた。それから、まるで信号があったかのように、ハゲワシたちは突然、全方向から飛びかかってきて、もう木々に落ち着こうとせず、その代わりに谷にまっすぐ降りて来て、翼を動かさずに、わたしが興奮して身を乗り出してすわっているところをかすめてまっすぐ降下して行った。翼の羽毛を吹き抜ける風は、ハリケーンの中の旗のように、ばさばさと単調に続く音を生み出した。もっと多くのハゲワシが急降下すると、もっと多くが加わった。遠くにたくさんの黒いしみが見えた。それはさらにたくさんのハゲワシの編隊だったが、彼らにには峡谷のわたしよりも下で何が起こっているか見えなかったかもしれない。彼らは驚くほど短時間で到着し、列を解き、一回か二回旋回し、脚を伸ばして地面へと急いで降りた。一時間半のうちに、百五十羽は死体にいたにちがいない。互いに重なり合って両端から入り込もうと格闘するハゲワシたちの大きな塊があった。それは、たたく音以外は全体にかなり静かだった。ときおり、二羽が裸の首を伸ばして翼をのたくる塊の外に出した状態で向かい合うと、キーキー声あるいは金切り声がした。少し経って、何羽かがぎごちない羽ばたきで飛び立ち、近くの木々に止まった。他の何羽かが翼を動かさずにらせんを描いて空高く舞い上がるのが見えた。ハゲワシの群飛集団、そこにはたえずより多くの個体がどこからともなくやってくる――最初は空にかろうじて見えるしみとして――わたしの感覚が追いつかなくなるまで。

場所によってはそんな光景が今でも続いている。野生生物学者のリチャード・エステスは、二〇一一年一月にナミビアでサファリを率いていたのだが、百羽ほどのハゲワシが死んでまもない一頭のキリンの死体のまわりにいるのを見たことを話してくれた。彼が一時間後にそこへ戻ってみると、死体はまだ無傷だったが、そのときには三百羽近いハゲワシがいて、ライオンかハイエナが来て肉を利用できるようにしてくれるのを待っているようだった。それとほとんど同じ頃、セネガルのダカールの町（西アフリカの大西洋岸）を訪れたある人は、町中を飛び回り、「道端を飛び跳ねる」ハゲワシの「群飛集団」を見たことを話してくれた。ムナジロガラスは、アフリカでは腐食者としてのワタリガラスの位置を占めるもので、同じくらいたくさんいた。イヌとネコに加えて、たくさんのウマとヤギが町の中を見たところ自由に歩き回っていた。ハゲワシが住む地域のどこでもヤギやウマやウシが死んだり屠殺されたりするという場面を想像することはむずかしくない。数時間後には臓物のかけらも残っていないことだろう。

確実に葬儀屋をすることは、古くからの遺産である。葬儀屋はしばしば死刑執行人と区別されなかったし、今でもそうであるとはいえ、彼らはいつも生命の連続のための不可欠な鎖の環となってきた。彼らがいなかったなら、生命は急停止していただろう。何百万年にもわたって、進化を通じて、草食動物と捕食者とその小間使いたち、つまり腐食性動物たちの身体のサイズは大きくなった。草食動物たちが大きくなると、その死んだ身体を利用する者たちも大きくなったかもしれない。歩くどの個体についても、だれもが死に、それぞれが高度に集中した食物源になる。死体が大きければ大きいほど、死体を常食とする者たちにとってますます多くの食物があることになる。同様に、少しの間一つの場所に大量の食物があれば、より大きな腐食者たちに有利である。そのような食物があれば、彼らは一度食事をすれば次の食事までもちこたえられるからである。

一億四千五百万年前から六千五百万年前の白亜紀のアパトサウルスを考えていただきたい。これまでに生きた最大の陸上動物である。一頭で三十八トン(アフリカゾウ八頭から十頭分に相当する重さ)もあるような巨大な肉の山がいつもきまって景観の中に残されていれば、それは使われただろう。肉の山が大きければ大きいほど、それはますます守る価値があり、強力な防衛もまた大きなサイズを助長しただろう。ティラノサウルスは、最高九トンにもなる巨体で、走って追跡したりすばやく駆け引きしたりするのには向かない。それでも彼らの長く鋭い歯は肉を引き裂くのに適応しているので、彼らはたぶん葬儀屋たちの最前列にいただろう。機会があればすでに死んだものを食べることに加えて、彼らは年老いた動物、弱った動物、傷ついた動物を処刑したことだろう。けれども、ティラノサウルス一頭でアパトサウルスほどの大きさの動物一頭の肉をきれいに取り去ることはなかっただろう。うしろの列にいるたくさんの葬儀屋のために残された大量の残飯があっただろう。そして、非常に大きな動物たちの死体は当然ながら数が多くないので（一つの植物群落は一定量のバイオマスだけを養える）、潜在的な食事となるものの間の距離が離れていることは、巨大な葬儀屋だけでなくある種の大型の飛ぶ葬儀屋の進化も助長しただろう。

白亜紀の草食動物が巨大であることは、知られている飛翔動物の最大のもの、翼竜が、なぜその時代に生きていたかもおそらく説明する。すべての中で最大のもの、ケツァールコアトルスとハツェゴプテリクスは、翼を広げた長さが少なくとも十メートル、たぶん最長で十二メートルあった（今日の最大のコンドル、アンデスコンドルは、翼を広げた長さが三メートルである）。彼らのサイズは、彼らの操縦性と狩猟能力を大きく損なうものだったろうが、死体を得るための戦いにおいても、たまにしかないが盛大な食事に到達しそれでやっていくことにおいても、利点であったろう。わたしたちが推量できるのは、これらの翼竜が清掃クルーとして主要な役割を果たしたことである。このクルーは、肉を食べる恐竜たちが彼らの獲物の大型草食動物のぶ厚そうな皮を破って、たぶん利用しやすい肉の大部分を取った後に、急降下して巨大な死体を食べた。翼竜たちはスーパーハゲワシだったろう。

これらの巨大な肉食の腐食性動物は、遠くまで旅して巨大な死体だけを食べて生き、したがってそれを必要とすることに専門化していて、白亜紀末に小惑星が地球に衝突して、彼らの食物の基盤を一掃する気候変動をひき起こしたときに絶滅した。小型で相対的に不活発な爬虫類、たとえばヘビ、カメ、ワニなど、数か月からたぶん一年かそれ以上も食物なしで生きられるものが生き残った。しかし謎に包まれた何らかの理由で、小型恐竜の生き残った一系統が進化して、わたしたちが現在、鳥とよぶものになった。これらの最大のもののいくつかが現在のハゲワシ・コンドルの仲間、それらは、彼らの古い祖先たちや生態学的に同等の動物についてさきほど仮定した淘汰圧の下で、非常に大型の死体の専門化した葬儀屋として進化した。

白亜紀の小惑星衝突を生き延びたものたちの中にいたのが最初の哺乳類で、それらは当時は小さく目立たないものだった。続く数百万年にわたって、それらのあるもの——前と同様、とくに草食動物——は、大型に進化し、以前、大型恐竜が維持していた生態的地位を占めた。後期中新世（哺乳類の時代）、つまり約六百万年前から八百万年前まで、巨大な哺乳類の大集合が存在していて、そのいくつかは現代の動物相に似ていた。マンモス、マストドン、ジャイアントビーバー、グリプトドン、オオナマケモノ、そして他の巨大動物たちは、最後の氷河期の終わり近くまで存在した。人間たちは、しばらくの間この動物相と同じ時代に生きた。ある意味では、舞台の上の爬虫類役者たちは同じような役の哺乳類によって大部分置き換えられ、大型の鳥類が巨大な飛翔する翼竜を置き換えていた。当時生きていたのは、これまで発見された最大の飛翔する鳥、アルゲンタヴィスで、ジャイアント・テラトーンとして一般に知られるものである。それは翼を開いた長さが六〜八メートルあり、体重が六十〜百二十キロあったと推定される。アンデスコンドルは、比較すれば小鳥である。ジャイアント・テラトーンのような大型の飛翔する鳥は、コンドルまたはハゲワシの習性をもっていたと推測してまちがいない。とくに、先端が鉤型になった大きく細長いくちばしは、ダイアウルフや大きなスミロドンによって用意された、あるいは切り開かれた死体から肉を引きはがすのに理想的な形をしていたからである。

テラトーンのあるものは洪積世に存在し続け、彼らは、ワタリガラスとともに、初期の人間によく知られていただろう。最近の一種、テラトルニス・メリアミは、ロサンゼルスにあるラ・ブレア・タールピットの一万年前の古い堆積物の中で、ダイアウルフ、スミロドン、マストドン、オオナマケモノ――すべて現在では絶滅している――とともに発見された。このテラトーンは、翼を広げた長さが四メートル、体重が約十五キログラムあった。カリフォルニアコンドルは、体重が約二十ポンド（約九キログラム）である。それは、古北米先住民、たとえばクローヴィス文化の狩猟民と同時代の動物だったろう。それらの狩猟民は北アメリカの大型動物たちを捕食した。それらの大型動物の絶滅とともに、そのテラトーンも姿を消した。同様に最大の葬儀屋鳥のもう一つ、巨大なコンドルの一種であるアイオロルニス（もともとはテラトルニス）・インクレディビリスも姿を消した。この鳥は、ネバダ州のスミス・クリーク・ケイヴで発見された一個体だけから最初に記載された。この鳥はおそらく翼を広げた長さが十六から二十フィート（約五～六メートル）あった。現在のハゲワシやコンドルは、えさを食べるためにいつも百マイル（約百六十キロメートル）飛ぶ。このテラトーンは飛行距離がまちがいなくもっと長かった。

他にも、一般に大型の、腐食性の鳥がいる。ハゲワシやコンドルのような習性は、南アメリカのカラカラ（ハヤブサの一種）とアフリカのアフリカハゲコウで進化し、それは裸の頭と首をもつことにおいてハゲワシ・コンドルの仲間に収斂してきて、この裸の頭と首が羽毛の衛生の問題を解決したり除いたりすることをおおいに助けている。ある程度まで、ハゲワシやコンドルのような習慣はワシ類にも存在する。ハクトウワシは死んだ魚や他の死肉を常食とし、ヒゲワシも同様である。ヒゲワシは、ほとんど腐肉だけで生きるユーラシアのワシの一種である。

ハゲワシ・コンドルの仲間は少なくとも二回、おそらくは数回、進化した。現在の「真の」ハゲワシ・コンドルの仲間は、七種の新世界の種（コンドル）と十五種の旧世界の種（ハゲワシ）に分けられる。アジア、ヨーロッパ、アフリカのハゲワシはタカ科に属し、タカとワシの親戚と考えられている。シロエリハゲワシのようないくつかの種は、裸の頭部をもっている。ヒゲワシは羽毛で完全に覆われた頭部をもち、たいてい腐肉を食べるにもかかわらず、新鮮な肉を好み、骨髄を食べることに専門化している。大きな骨を非常に高いところから岩の上に落として砕くのである。南北アメリカのコンドル科の鳥は、腐りかけた肉に専門化していて裸の頭部をもつタカ科の鳥に外見が似ている。この二つのグループの類似性は収斂進化の結果、生じるもので、同じ採餌習慣を助長する似たような適応がある。コンドル科はコウノトリに似た鳥に由来するかもしれない。彼らの起源はいまだに議論の的である。

ハゲワシ・コンドルの仲間は、分類学上の所属と関係なく、大型動物の腐肉に専門化した腐食性動物である。多くはむしろ新鮮な肉のほうを好み、南北アメリカ大陸のクロコンドルなどある種のものは、ワタリガラスのように、生きた獲物を狩るだろう。腐敗した肉のために彼らと張り合える他の腐食性動物（野生ブタ、イヌ、ワシなど）がほとんどいないのは、彼らが自然の細菌性毒素を代謝（解毒）することができるからである。より暖かい地域で腐敗が進む腐肉を常食とするというこれらのハゲワシ・コンドルの仲間の習慣は、彼らに有利に働くように見える。たぶん一つには、それが彼らの味を悪くするからである。彼らを食べる動物はほとんどいない。実際、彼らは、部分的に消化された食物を吐き出して噴射することを防御として使い、この戦術だけでうまくいかないなら、「死んだふり」をする者もいる。これは、彼らの羽毛が汚れていて、彼らが腐った肉を食べたあとにちょうどよく壊死臭を放っていれば、たぶん最も効果的である。

ハゲワシ・コンドルの仲間は社会的になる傾向があり、しばしばコロニーでねぐらにつき、ときにはコロニーで営巣をおこなう。この素質によって彼らは人々と絆を結ぶことができるので、良いペットになるといわれている。わたしの友人の一人は、一羽のアンデスコンドルと（互いに）絆を結び、そのコンドルをバンに乗せて旅をし、ときどき放して自由に飛ばせ、そのすばらしいサイズと美しさを見せびらかすのだった。バンはそのコンドルの洞窟で、新鮮な肉をえさとして十分に与えられる限り、そのコンドルが戻る場所であり、満足してねぐらにつく場所だった。

ハゲワシ・コンドルの仲間は元来、暖かい気候で暮らす。アフリカでそうであるように、いくつかの種が共存する場合、数種からなる「ギルド」が死体を協力して利用し、その際、各々の種は専門化している。そこで一般に相互依存が生じる。たとえば南北アメリカ大陸では、一羽のヒメコンドルがふつう、隠された死体のところに到着する最初のコンドルたちの一つで、隠された死体を臭いで見つけ出すことができる。他のコンドルは、強い嗅覚がなく、ヒメコンドルの後について行って死体を見つける。ヒメコンドルは、しかし、相対的に小さく、大きな死体を引き裂くことができない。もっと大型のコンドル、たとえばアンデスコンドルは、肉をヒメコンドルが利用できるようにしてやるが、ヒメコンドルにとって、大きい鳥が最初に食べるというコストがかかる。

ハゲワシ・コンドルの仲間は、獲物を追って捕まえなくてよいので、動きがゆっくりしていて代謝が低い傾向がある。彼らは翼を広げたまま羽ばたかずに滑空して食物を見つけるが、これは止まり木に止まるのとほとんど同じ代謝コストですむ――それは空の上で止まっているのと同じである。しかし、翼を広げて滑空するには、暖かい上昇気流が必要である。夜には、ハゲワシ・コンドルの体温は低下して、さらにエネルギーを節約する。彼らはサイズが大きいので、そして食物を貯蔵するための素嚢をもち、それによって大量の食物を見つけたときに見つけた場所で飲み込むことができるので、数週間かそれ以上の断食に耐えられるように適応もしている。

ハゲワシ・コンドルの仲間の保守的な生活様式は、彼らのナチュラルヒストリーに反映されている。彼らは性成熟に達するまでに長い時間――大型の種では六年――を要する。彼らは長生きである。アンデスコンドルの寿命は少なくとも五十年あり、あるシロエリハゲワシは飼育下で四十年生きている。自然死亡率が低いように適応してきて、彼らはそれに対応して繁殖率が低い。大型の種は二年に一度だけ繁殖し、一孵りのひなが一羽だけだが、小型の種では二羽のことがある。

自然の生態系で、死体を作り出し処理する仕事が東アフリカのセレンゲティ地域以上に人間の目につきやすい場所はほかにない。それは、実質的に氷河期の動物相をもつ無傷の生態系である。六種のハゲワシがそこに生息する。一年あたり千二百万キログラムほど(約二十万人の男の重さ)の軟組織(肉)がセレンゲティ地域のハゲワシにとって利用可能であり、そのハゲワシたちはほとんどすべての死体を、うっそうとした茂みの中に隠されたものでさえ見つけ出す。

アフリカにいる大型死体の葬儀屋たちそれぞれに特有のシナリオはさまざまだが、パターンは、わたしが一九九五年に一頭のアミメキリンの成獣の死体で観察した、次のような一続きの場面の一部に似ている。アミメキリンは最大の反芻類で、体高が最も高い陸上動物でもある。雄たちは、体高が十九フィート(約六メートル)、体重が四千ポンド(約千八百キログラム)以上あるかもしれない。彼らの一頭が死ぬと、腐食者たちのために大量の肉がお膳立てされている状態である。

わたしが観察したキリンは、南アフリカのクルーガー国立公園のアカシアの茂みに住んでいた。半砂漠のアカシアのガレリア森林にある砂地の道から百メートル以内にそのキリンが横たわっているのをわたしが見つけたとき、そのキリンはおそらくそれまでに一日だけ倒れていた。それは朝の遅い時間で、ショーの一部はすでに終わっていたので、わたしがここに書くことは主として推定と推測である。

わたしはそのキリンが高齢だったかまたは病気だったのだと思う。健康なキリンならふつうライオンたちによって解体されることはないが、何頭かのライオンが近くにいたからである。これらのネコ科動物は、体重が二百五十ポンドから三百ポンド（約百十三から百三十七キログラム）あり、祝宴の夜には一頭で三十五ポンド（約十六キログラム）を飲み込むことができる。日中の暑さの中では、彼らはアカシアの木陰に横たわっている。

そのライオンたちはおそらく夜の間にキリンを殺していて、その騒動を聞きつけてハイエナとジャッカルがやって来た。自分の食欲を満足させた後、ライオンたちはハイエナの執拗な嫌がらせに道をゆずり、ハイエナたちは、今度は自分が満ち足りると、ジャッカルに道をゆずった。

朝の太陽が平原を暖め、暖かい空気が立ちのぼるとすぐに、ハゲワシたちがどこかにある共同の寝場所から飛んで来た。彼らはらせんを描いてさらに高く急上昇し、鋭い目が平原を駆けめぐった。死体と、ライオン、ハイエナ、ジャッカルが点在しているのを見た最初のハゲワシたちは、翼を広げて滑空するのをやめて、滑降を始めた。遠くにいて、やはり翼を広げて滑空し、地面だけでなく空も観察している他のハゲワシたちは、最初のハゲワシたちが降下を始めるのを見て、同じことをした。こうして、一羽のハゲワシが次のもっと離れた一羽に知らせ、最終的に何百羽もの大群があらゆる方向から、たぶん百マイル（約百六十一キロメートル）も離れたところから押し寄せつつあった。わたしが到着したとき、ハゲワシたちの一部はすでに食べ終わっていた。その鳥たちは近くの木々に止まっていて、あるものは再びばたばたと飛び立った。

一日ほど経てば、死体に多くは残っていないだろう。肉が残っていればハエに卵を産みつけられ、ウジの塊がうごめいていただろう。大型の肉食者が去った後、残った物は乾いた骨と皮と毛だけになり、それから甲虫たちが飛んで来て、彼らと彼らの幼虫が残飯を平らげる。その間に、ライオン、ハイエナ、ジャッカルは、キリンの残骸を糞に加工し、(のちにくわしく調べるように) 糞虫たちはキリンのその最後のわずかな残り物さえ加工する。キリンが生涯に食べてきたものすべてを含めてである。糞虫たちは動物の糞を丸い球に加工し、それをころがして遠くまで運んでから埋める。子孫の食物として役立つようにである。それから何度か雨が降って、土が柔らかくなり、青草や花のつく植物が新芽を出す頃になると、糞虫の若虫が夜に羽化して飛び立ち、アンテロープ、ゾウ、サイ、ハイエナ、ライオンなどの排泄物の臭いに導かれて、いっそうのごちそうを求めて、広々とした平原をかすめて飛ぶ。彼らが飛ぶと、多くは、夜にはコウモリに、日中はきらびやかな鳥たち (フィッシャー、オウチュウ、ムクドリ、ブッポウソウなど) に捕まって食べられる。一頭のキリンは死んだが、十数頭のライオン、ハイエナ、ジャッカル、そしてたぶん何百羽ものハゲワシが食物を与えられた。何千匹もの糞虫が宴会を催して、平原はより多くの草を育てただろう。

わたしたちは、洪積世の北アメリカの自然生態系の中で動物を葬る葬儀屋の仕事について、ほとんど何も知らない。それでも垣間見えることはあり、思索の余地はある。一九五三年、高名な鳥類学者、ロジャー・トリー・ピーターソン (アメリカ人) とジェイムズ・フィッシャー (イギリス人) は、二人で「野生のアメリカ」への三万マイル (約四万八千二百八十キロメートル) の旅を始め、それについての本を書き始めた。プロローグでピーターソンは、二人とも「自然の世界——本当の世界――の研究に完全に身を委ねていた」と書いた。彼らの旅のハイライトは、カリフォルニアで遠くから単独のアメリカのコンドルを見たことだった。ピーターソンはこう書いた。そのコンドルは

爆撃機のようで、翼を平らに広げた姿勢はヒメコンドルの両翼を水平より上向きの角度にして滑空する姿とは似ても似つかない。それは巨大で、黒く、白っぽい頭をもち、頭上に来ると、翼の裏側の前側にある太い白い帯から成鳥であることがわかる。五分間、わたしたちはその巨大な十フィート（約三メートル）の広げた翼、指のように広がった初列風切羽をながめていた。それは、世界でいつもそうしてきたかのように数回羽ばたきし、新しい上昇温暖気流をつかまえ、南東のほうへ滑空して飛び去り、やがて小さな点となって消えた。

悲しいことは、この消滅が、今と同様、当時も、文字通り消滅であるように見えたことである。ピーターソンとフィッシャーはカリフォルニアコンドルが種として生存できることに懐疑的で、死体を差し出すことが残っている個体群の生存を助けるだろうかと思っていた。当時、残っている個体群は全世界で約六十個体と推定されていた。アンデスコンドルの例にならって、人工繁殖によってこの鳥たちを救うための「どたん場の努力」はすでになされていた。アンデスコンドルはサンディエゴ動物園で飼育下で繁殖が行われていた。野生ではふつう、理想的な条件の下では、コンドルは二年に一度、ひなを一羽だけ育てる。しかし動物園では、その同じ期間に一対の飼育ペアから、最初の卵を取って

孵卵器で孵化させることによって、四羽のひなを得ることが可能だった。雌はすぐに代わりの卵を産み、その卵は彼女が維持し育てることを許されるが、ただしそのひなが半分成長するまでである。それからそのひなは取り出されて人工飼育され、その時点で雌は二回目の繁殖を始め、卵の取り出しと人工飼育の同じプロセスによってもう二羽のひなをもたらす。

ピーターソンはカリフォルニアコンドルについてそのような計画をすでに提案していたが、残念ながらそれはうまくいっていなかった。このプロジェクトのための許可はカリフォルニア魚類狩猟鳥獣委員会から得られていたが、飼育下で繁殖させるための一組のペアを捕獲する試みは失敗していた。許可の期限が切れると、プロジェクトは放棄された。幸いなことに、「どたん場の努力」は、論争がなかったわけではないが、再び試みられた。ピーターソンが提案してから三十四年後のことだった。

ピーターソンとフィッシャーの一九五三年の旅と彼らの恐ろしい予測から十四年経って初めて、カリフォルニアコンドルは連邦絶滅危惧種リストに掲載された。当時でさえ、その個体数は下降線をたどる一方だった。結局、個体群全体で残っているのは二十二個体だけになり、その結果、一九八七年に、これらの野生のコンドルのすべてを捕獲して飼育下におくという、それまではまさにどたん場の努力だったことが、議論の余地を残しながら決定された。今度は捕獲の試みはうまくいき、最後に残った野生の一個体は一九八七年四月十九日に捕獲された。

アメリカ合衆国魚類野生動物管理局カリフォルニアコンドル回復プログラムの目標は、「飼育下で孵化して放されたコンドルの少なくとも十五ペアずつからなる二つの野生繁殖個体群を最低でも確立すること」だった。雄と雌のコンドルは外観が同じである。ペアは生涯つがい、つがいの二羽は交代で彼らの一つの卵を五十六日間あたためる。ひなは六か月後に羽毛が生えそろうが、もう半年の間はまだ依存しているかもしれない。飼育下繁殖で育てられた個体のあるものは、一九九二年の初めに野外に放されたが、今でも生きているかもしれない。この鳥たちは、非常にゆっくりとした繁殖速度にふさわしく、長くて六十年生きるからである。

そのような価値ある、重要な、しかしリスクを伴う事業に予期されるように、飼育下繁殖プログラムは困難に陥った。放されたコンドルのうち五羽が、まもなく電線に接触して感電死した。残りの飼育されているコンドルを「野生」に戻す前に、彼らがもし電線に止まったら弱いショックを与えることによって、電線を避けるよう訓練するプログラムが開始された。

現在、三か所のコンドル放鳥場がある。一つはカリフォルニアに、もう一つはアリゾナに、三つ目はバハ・カリフォルニアにある。二〇一一年現在、カリフォルニアコンドルの世界の個体群は合計三百六十九羽だった。そのうち百九十一羽は野生状態（九十七羽がカリフォルニア、七十四羽がアリゾナ、二十羽がバハ・カリフォルニア）にいて、残りは今でも飼育下にある。世界最大のハゲワシ・コンドルの仲間、アンデスコンドルとユーラシアのヒゲワシは、国際自然保護連合によって「準絶滅危惧」と指定されている。

先史時代には、カリフォルニアコンドルはカナダからメキシコにかけての西部とフロリダからニューヨークにかけての東部に住んでいた。その骨と卵の殻はグランドキャニオンにある営巣洞窟

北アメリカのコンドルたちの肖像。クロコンドル（左）、ヒメコンドル（右上）、カリフォルニアコンドル（右下）。クロコンドルとヒメコンドルの飛行のシルエットに注意。

で見つかっている。しかし一万年前、人間が姿を現し、マンモス、オオナマケモノ、スミロドンが絶滅したとき、カリフォルニアコンドルは劇的な減少を経験した。その時点でこのコンドルはおそらく太平洋岸に限定されていて、探検家のルウィスとクラークが証言したとおり、そこで大型海洋哺乳類の岸に打ち上げられた死体をあさって食べていたようである。ヨーロッパ人が大量に流れ込んだ後、この鳥は生息場所の破壊、DDT、そして鉛中毒に苦しんだ。悲しいことに、「大自然」はもはやある種のハゲワシ・コンドルの仲間にふさわしい場所ではない。

わたしたちは人間によって生み出された動物絶滅の波の中にいて、動物の葬儀屋たちはその波によってとくに大きな打撃を受けている。現代の大型葬儀屋動物のあるもの、たとえば大型ネコ類、ハイエナ、オオカミ、ハゲワシやコンドルなどの個体群の激減、そして起こりうる絶滅の最大の原因は、さまざまな反芻類の巨大な群れのすべてをわたしたちが大量殺戮したことである。反芻類の群れは彼らの食物の基礎を提供していた。加えて、わたしたちは伝統的にこれらの大型葬儀屋にほとんど敬意を払ってこなかった。死んだ動物を常食とする腐食性動物たちを殺すことは奨励されてきたが、それは一つには、腐食性動物たちがしばしば殺し屋として非難されてきたからである。わたしが強調してきたように、捕食者と腐食者を分ける線は、いくつかの種では細いものである。捕食者と腐食者はどちらも、とくに家畜所有者たちに憎まれる。家畜所有者たちの生計は、従順さと無力さのために選ばれた家畜動物に依存し、それらの家畜動物は、病気の動物と同様、餌食になりがちである。家畜所有者たちは、動物の死を他の生命へのリサイクリングと見るのではなく、もし彼ら自身以外の動物によって殺されたなら、生命と彼らの生計の手段が犯罪的に奪われたと見る傾向がある。彼らは捕食者と腐食者を直接の競争者と見て、それゆえに報復を受けるに値すると見る。多くの捕食者は、おとりのためにつながれた生きた動物におびき寄せられて、簡単に殺される。そして遠くから来た腐食者たちは、入念に毒を加えられた死体を食べて死ぬ。毒は一撃でたくさんの葬儀屋を殺してきた。

現在、後で示すように、作物を食い荒らす齧歯類を殺すように作られているさらに強力な毒が、他の動物たちをも意図的ではなく殺している。

すでに述べたように、葬儀屋たちに影響する最も強力な人間の介入は、生態系から大型の野生動物を見境なく取り除き、わたしたちが食べるための家畜の群れか、または野生動物の生息場所をなくす農業のどちらかで置き換えることである。しかし、大型葬儀屋を滅ぼすのに寄与する他の要因としては、わたしたちの畜産の方法、危険な化学物質、死体と肉の処理方法、そして文化的習慣がある。これらのあるものは修正するのがむずかしいが、他のものは単に文化的なタブーを克服することによって解決されるかもしれない。葬儀屋たちの暮らしに影響する最も損害を与える習慣は、進化の歴史を通じて大地に戻るように放置されてきた死体をわたしたちが入念に取り除くことかもしれない。

どの家畜化された動物も、そのほとんどの部分は今では人間の消費に循環されるだけで、残りくずはペットフードに変えられる。こうしてわたしたちとわたしたちのペットはハゲワシやコンドルの代用品になる。しかし、わたしたちの食物に適さないと考えられる動物が死ぬと、わたしたちはそれを他の者たちが利用するのにも適さないと考える。ハイウェイ課が道路から回収する交通事故で死んだシカや他の動物でさえ、埋葬によって処理される。ハゲワシやコンドルにやらせれば、もっとうまく片付けるだろうに。

この大型の葬儀屋たちの減少は非常にゆるやかに進んできたので、ほとんどだれも気がつかない。この気がかりな問題に注目させる最近の一つの例外は、ベンガルハゲワシの減少である。この種は人間の近くでコロニーになって木々に巣を作り、いつもインドの町々の朝の空で（空気が暖まってハゲワシたちが翼を広げて滑空できるようになった後で）目立っていた。人間の残り物を常食とし、他の動物の死体を処分するのを助けた。これらのありふれたハゲワシたちは、一緒に集団で飛んで来て、一頭のウシを二十分で処理することができるといわれた。これらの「生態系サービス」は町の公共サービスでもあり、中世ヨーロッパの都市、たとえばロンドンで、ワタリガラスがおこなったサービスとよく似たものである。

ベンガルハゲワシは、二十世紀の百年にわたって東南アジアで減少し続けたが、それは、野生の反芻類の個体群が崩壊した結果、利用できる死体が少なくなったからである。それでもこの種はまだ「たぶん世界で最も数が多い大型猛禽」と記述された。それは、インド、パキスタン、ネパール、カンボジア、ミャンマー、ブータン、タイ、ラオス、ベトナム、アフガニスタン、イラン、中国、マレーシア、バングラデシュのいたる所に分布していた。その後一九九〇年代に、個体群は突然の崩壊を経験し、一万個体より少なくなった。現在残っている生存可能な個体群はミャンマーとカンボジアに存在し、このハゲワシは「絶滅寸前」と分類されている。

ベンガルハゲワシの減少が注目を集めたのは、この鳥が非常に急速に減少するまではありふれたよく知られた鳥だったからである。その減少の由来を追跡すると、抗炎症剤のジクロフェナクで治療されていた家畜を食べていたことにさかのぼった。ハゲワシでは、この薬剤は腎不全につながった。ハゲワシの一個体群に致死的な作用をおよぼすのに、多数のウシがこの薬で治療される必要はない。今、モデル化してみると、もし七百六十体の死体のうちのたった一体がこの薬剤を含んでいれば、観察された個体群の減少が起こりうることが示唆される。そして、アメリカで製造されたウシを健康にする薬がイランや中国やインドのハゲワシを病気にするかどうか、検査する必要があるとは、もちろんだれも考えなかった。

この種があまりにもありふれたものだったゆえに、この種に最も注目が集まったが、同じ薬剤は世界中で使われており、これが少なくとも他の三種のハゲワシで同様の壊滅的な減少をひき起こした。インドハゲワシ、ハシボソハゲワシ、ミミハゲワシである。

ベンガルハゲワシによく似たヨーロッパのハゲワシ、シロエリハゲワシは、かつてヨーロッパの広い地域にわたって広く分布していた。この種は、疑問の余地なく同じ崩壊を経験していただろう――もしまだ崩壊するだけあちこちに生き延びていたなら。この種は、死体が利用できなくなったために、十八世紀までにドイツから消滅していた。シロエリハゲワシの小さな、孤立した複数のコロニーが、現在、主に飼育下繁殖からの再導入と「ハゲワシレストラン」のおかげで存在する。ハゲワシレストランでは、飼育下で育てられた後に放された鳥たちのために、汚染されていない肉が計画的に出しておかれる。

シロエリハゲワシと他の三種のハゲワシは、以前はイスラエルではふつうに見られ、何百羽ものコロニーで営巣していた。近年、それらの個体群は、硫酸タリウムが殺鼠剤として使われることによって急激な減少を経験している。

ハヴォック、タロン、ラティムス、マキ、コントラック、d-コン・マウス・プルーフェⅡなど、「より新しい世代」の鼠毒が次々に発売されるために、これらの襲撃が休まることはない。これらの鼠毒は抗凝血化合物を含むので、それを食べた齧歯類は即座に死ぬか弱るかどちらかで、そうしてすべての種類の動物にとってたやすい獲物になる。これらの化学物質が捕食者／葬儀屋の身体から除去されるのに何か月かかかる。これらの毒は、カナダ西部で調査されたメンフクロウの七十パーセントで、最近、検出されている。カナダ西部ではメンフクロウは「絶滅危惧」である。カナダ東部では彼らは「絶滅危惧1B類」である。しかしこれは氷山の一角にすぎない。齧歯類は世界中で数えきれないほどの動物種にとって好物のスナックである。

殺生物剤は禁止されるべきである。齧歯類は実際、ことわざで知られたアナウサギよりも速く増殖することができる。わたしが囲いに入れられていないニワトリのために穀物を置いておいたときに観察したとおりである。しかし齧歯類の防除には他の方法がある。わたしはかつて、くず入れから作られた落とし罠を使って、ある夜、十数匹のネズミを簡単に捕まえたことがあった。わたしは彼らを棒で殺した。もっとゆっくりしているが確実な方法は、その土地のフクロウやチョウゲンボウの個体群を育てることだろう。これらの鳥にとっての一つの大きな制限因子は、巣を中に作るための空洞のある木がないことだが、適切な場所に適当な巣箱を取り付ければ、古い木々が利用できない場所で彼らをおおいに助けるだろう。

新世界のコンドル個体群については、これまで多少問題を含む生存の記録がある。ヒメコンドルとクロコンドルは両方ともだんだん回復しつつあり、実際、両種とも、北上しても死体が凍らずに保たれるようになるにつれて、生息域を大きく拡大しつつある。クロコンドルは南アルゼンチンからラテン・アメリカに分布するが、最近はアメリカ合衆国のメキシコ湾岸諸州と南西部の大部分に広がってきていて、そこで今では町や都市の中で夜に何百羽単位でねぐらにつく。ヒメコンドルは、かつては厳密に南の鳥だったが、今ではカナダでも繁殖する。何十年もの間、わたしは一羽のヒメコンドルも見なかったが、今ではバーモントとメインで毎夏、きまって彼らを目にする。

ワタリガラスは他のアメリカの葬儀屋たちと同様、自らの食物の基盤すなわちバイソンとエルクの死体が途絶えた後、生息域と個体数の大きな減少を経験した。バイソンとエルクの死体は、以前は景観の広大な範囲にわたって利用できるものだった。ワタリガラスたちは、オオカミやコヨーテなどの捕食者に対するアメリカ合衆国政府の戦いで毒殺された死体のところで、ついでに殺された。これらの鳥は望ましくないキャラクターとして広くみなされ、自動的に皆の根絶のためのブラックリストに載せられたので、彼らの毒殺による死は重要だと考えられなかった。ワタリガラスにはしかし、ハゲワシやコンドルにない利点があった。彼らの個体群の一部は、かつてはるか北の方でがんばっていた。そこにはまだ大きな動物の群れがいて、人はほとんどいなかった。つまり、北部は再生の核を提供した。ワタリガラスを不吉で陰気なものとして敵視する古いヨーロッパの偏見を強調するたくさんの詩があるが、それにもかかわらず、この種は、尊敬すべき市民、わたしたちの地球の貴重な共同居住者、そしてしばしば親密な隣人として、カムバックしつつある。ワタリガラスたちの苦境は惨憺たるものだったが、この鳥たちを感情、生命力、美しさを備えた知的能力のある存在として認める意識が芽生えてきたことが、心ない残忍な行為に終止符を打った。

伝統的には、殺人のような大きな犯罪が起こると、人々は犯人を捕まえるために大きな努力をする。殺人はおおいに憤るべきことだが、一つの生物種の損失に比べれば憤りは小さい。とくにそれが、何百万人もの人々を包含する文化的および生態学的な網目の一部をなし、ほとんど地球規模で生態的サービスを行い、今生きている世代だけでなく来るべきすべての世代のために人生の楽しみを豊かにするような種であれば、そうである。

悪くあろうというつもりの人はほとんどいない。わたしたちはいつも自分の行動に何か言い訳をもっている。ある死が、意図されないあるいは予期されない結果であるなら、それは事故として分類される。しかし事故が無作為であることはめったにない。だれかが酔って運転して、あるいは非常に急いでいて赤信号を無視して走って、結果として一人の人を殺した場合、それは事故かもしれないが、罪のない行為ではない。

わたしたちはだれもが絶滅をひき起こした罪を負っている。わたしたちの生活の基準、大量の工業生産、そして非常に多い数は、わたしたちが累積的な有毒作用を自然におよぼしていることをまちがいなく保証する。

集合体としての人々にあてはまることは、とくにその産物についてもいえる。かつては、いくつかの化学物質を自然の薬屋から取り出して使えば、わたしたちの必要を満たすのに十分だった。現在、約八万四千の化学物質がアメリカ合衆国で商業的に使用され、多くの化学物質が世界の他の地域に輸出されている。わたしたちは、それらの二割さえ何であるか、あるいはそれらが潜在的に有害であるかどうか、見当もつかない。なぜなら、それら（とそれらの作用）は「企業秘密」として分類されているからである。

ハゲワシやコンドルの集団の個体群崩壊に責任があると考えられてしかるべき多くの人々のうち、大部分は無名だが無罪ではない。しかしわたしたちのある者は他の者たちより中心的な役割を果たしたのであり、それが集団殺戮、生態系破壊、あるいは種の絶滅につながる憎むべき犯罪ということになれば、無知も個人的正当化も弁護になりえない。作用は実際に問題であり、合成されるどんな化学物質も――つまり、それは生態系の構成要素としてそれ以前に存在したことがない物質だが――そうでないことが証明されるまでは生態系レベルで有害であると想定されるべきである。これは荒っぽい推定ではない。それは常識のある生物学である。そして常識によって次のことも明らかである。すなわち、「市場」はそれ自体として、もしそれがハンドルやブレーキのないハイテク自動車のように自由に走るにまかせられたなら、今後、問題を解決するのではなく問題を作り出し維持するだろう、ということである。

III

植物の葬儀屋たち

植物は葬儀屋ではないが、彼らは究極の生化学者である。いくつかの小さな例外（ハエトリグサなど）を除いて、彼らは肉の塊あるいは複雑な有機分子さえ消費しない。彼らは、空気中から抜き出された二酸化炭素に由来する炭素から自らを組み立てるために、水、日光、そしていくつかの無機物を使う。しかし、彼らがこれらの単純な最初の段階から作るものは、動物の基準からいえば、並外れて大きく栄養があるものになることができる。

植物は、わたしたち自身がリサイクルされて土になったり土からリサイクルされたりする際の中間体であり、わたしたちは彼らのリサイクリングを考えることなしに自分自身のリサイクリングを理解することはできない。彼らは高度に適応した生物で、その生命は動物にあてはまるのと似たような機会と制限にしたがって発生する。わたしたちと同じように、彼らは繁殖し、成長し、デオキシリボ核酸（ＤＮＡ）上に自然淘汰によって刻み込まれた遺伝暗号を発達させてきた。わたしはここでは木々のリサイクリングに集中する。木々は最も目に見える植物であり、全体としてたぶんリサイクルのプロセスの最も中心的なものでもあるからである。

木々（および他の植物）を葬る葬儀屋の仕事は自然の中であまりにもありふれているので、当然のことと考えやすい。白状すると、わたしは以前はそれにほとんど注意を払わなかった。多くの動物は植物を傷つけ殺し、植物が住むどんな生態系でも動物たちもやがて死ぬ。このプロセスは劇的ではないかもしれず、ある動物が別の動物の命を奪い、数分のうちにばらばらに引き裂くのとは似ていない。一本の木の死は、血を流すこともいやな臭いがすることもない。そのかわり、木々は何年もの間、昆虫に少しずつかじられ、彼らが死んだ後、甲虫、真菌、細菌の仲介で、ゆっくりと人目につかずに分解して土になる。つまり、残りの生命を可能にし、生命そのものでもあるリサイクリングである。このプロセスは広大な規模で起こる。それが木の葬儀屋たちのためでないとしても、森は数年で枯れた木が侵入できないほど絡み合ったものとなり、まもなくすべての植物の成長を止めることだろう。わたしの森では正常な木を葬る葬儀屋の仕事をあまり見たことがなかった。わたしや他の人々が作り出した木の死体のほとんどは、切断され運び去られて材木や紙や薪に加工されたからである。しかし自然の生態系では、枯れた木はその場に残されただろう。

生命の木々

動物たちの身体と同様、木々はまだ新鮮なうちに優先的に食べられる。そして木々は、生きているときは食べられることに対するさまざまな驚くべき防御をおこなうので、ふつうは最も弱っているときや死にかけているときにだけ食べられる。一本の木の最も栄養がある部分、内側の樹皮は、最初に攻撃されるもので、頑丈な外側の樹皮の鞘によって保護されている。しかしある木がいったん倒れてしまうと、内側の樹皮はふつう、数か月の間食べるものとして利用可能だが、その木のある部分——木材の生きている部分を光の方へ立てるように構築された枠組み——は何十年も持続するかもしれない。

たぶん一つの真菌を除いて（後に考察する）、世界最大の生物は木で、そのあるものはまた最古でもあり、このことは木々が寄生者と捕食者に破壊されることによる死に抵抗する能力をもつことを証明している。わたしたちの独自の——動物の——基準によれば、ある種の木々は永遠に生きるように見え、それゆえにほとんど生命がないように見えるかもしれない。どの種にもそれぞれ独自の最長寿命がある。ある種の木、たとえば北アメリカ西部のイガゴヨウやセコイアは、数千年生きるかもしれない。現在生きているそれらの個体のあるものはキリストの時代にすでに巨木で、それらは実際、不死のように見えるかもしれない。ほとんどのオークは数百年生きることができる。わたしの森の最も古いストローブマツ、レッドスプルース、ヒマラヤスギ、サトウカエデは、約二百年まで生きることがある。バルサムモミとグレイバーチは五十年も生きないかもしれず、シロスジカエデは二十年を超えて生きることはめったにない。しかしこれらの最長寿命は、個々の木の実際の寿命とほとんど関係がない。ほとんどは若死にする。

わたしたちが一つの森で目にする木々は、全体の小さな一部分である。それらは生存者と最近死んだものだけである。一つの健康な森（プランテーションとは対照的に）は枯れた木を立ったままで散らかしておく。しかしその森の木の大部分は、あまりに小さいのでわたしたちが気がつかないうちに死んでリサイクルされた。わたしの森の大部分は一平方フート（約〇・一平方メートル）当たり何十本かの木があるが、陰や混み合いが原因で死ぬまでに、三枚以上の葉を出すものはほとんどないだろう。陰や混み合いは結局、同じことに帰着する。ほとんどの場合、一つの森の木々が生きたり死んだりするのは、しばしば推測されるようになんらかの遺伝的利点によるのではなく、単にその木々が他の木々との関係で根を張るようになった場所の運が良いか悪いかによるのであって、これがその木々が光と他の資源のための競争で勝つか負けるかを決める。

成熟に達し、まもなく死者になる木々の運命は、ふつう昆虫とともに始まり、動物の系でそれに対応するものについてと同様、「捕食者」はしばしば「葬儀屋」あるいは腐食者からはっきりと分化していない。しかし、一本の木は、一頭のマウスやムースやゾウを処理する生物たちと同じくらい多様な生物のチームまたはギルドによって、処理される。動物の似たような例と同様、木の葬儀を進めるプロセスの役者たちのある者は、身体がまだ健康なうちにその一部を食べるように進化してきた。他の者たちはその木が弱っているときだけチャンスがあり、大部分の者はその木が死にかけているかすっかり死ぬか、あるいは死んでから時間が経つまで待たなければならない。腐食者たちは処理の最終段階を促進し、推移をもたらす。動物の死体の場合と同様、腐食者たちが次から次へとやってきて、一つの種から別の種と、次々に死体を襲い、食事を待つ列が終わって木が土に帰ってしまうまでそれが続く。

わたしは、地面に倒れた一本の木への攻撃とその後のリサイクリングがどれほどすばやく起こるのか見たかった。メインでわたしの丸太造りのキャビンを建てている間、わたしは六十本ほどのバルサムモミ、トウヒ、マツの木を斧で切り倒したのだが、ときどき、わたしが大枝を切り落としているときでさえ、ヒゲナガカミキリの類が飛んで来て丸太の上に卵を産みつけるのが見えた。ヒゲナガカミキリの類は、長い触角のために英語でロングホーン（長い角）として一般に知られるもので、カミキリムシ科に属する。雄のヒゲナガカミキリの触角は体長の約二倍の長さである。触角はこれらの昆虫の化学物質検知器で、その卓越した長さは、これらの甲虫の特異的な産卵場所と潜在的配偶者の臭いを検知するときに触角が重要であることを証明している。このカミキリムシたちは死んだばかりの木を見つけるのが非常にうまいので、わたしは自分が切った丸太一本一本の樹皮を剥がなければならなかった。そうしなければ彼らは何百匹でそれらの丸太を襲って、わたしにとって使い物にならない状態にしたことだろう。

カミキリムシのほかに、タマムシ（タマムシ科）とキクイムシ（キクイムシ科）が樹皮の上または中に産卵する。幼虫は内側の樹皮の形成層に掘り進み、それから白木質に掘り進む。彼らが穴をあけるとき、その木に真菌を植え付け、それらの真菌が木材を消化するプロセスを開始する。細菌が動物の死体の分解を早めるのと同じようなやり方である。わたし自身、針葉樹の臭いがわかるので、彼らにもわかることはまちがいないが、マツノマダラカミキリが一匹でも健康なまっすぐ立ったマツの木にいるのをわたしは見たことがない。それで、わたしが切り倒したばかりの木をどうやって彼らが見つけることができるのか、ふしぎに思った。

わたしはその疑問のことを何年もの間、忘れていた。甲虫ではなく、ワタリガラスの採餌行動を研究していたからである。しかし、植物の葬儀屋について考えている過程で、わたしのサトウカエデの木立をもっと空間を与えるために間引いていたとき、その疑問がよみがえった。このときは、わたしは木立の中の地面に何本かのストローブマツの死体を慎重に残したのだが、後に示すように、これらの枯れ木のいくつかは、驚いたことに、何か月もの間、甲虫の訪問を受けなかった。なぜ、どのように、甲虫たちは引きつけられたのか、あるいは引きつけられなかったのか。

この甲虫たちがときには非常にすばやく現場にかけつけることが、わたしにはありえないように思えた。なぜなら切り倒された健康な木は、その組織に関する限り、現実に厳密には死んでいないからである。その木は単に死刑を宣告されるだけである。健康な木を攻撃するカミキリムシは、その木が将来、つまり幼虫が孵化した後に傷つきやすくなっていることをあてにしているにちがいない。一方、わたしは、タマムシがたぶん何百マイル（一マイル＝約一・六キロメートル）も離れたところから森林の火事に引きつけられることに気づいていた。おそらく、殺されたばかりの木々をめぐる激しいえさの奪い合いに先手を打つためである。

これらの甲虫のほとんどは、木々を見つけて殺すという意味で「狩りをする」ことはできない。健康な木々は効果的に防御をするからである。最もよく知られているのは針葉樹の場合で、その防御はねばねばした松脂状の樹脂を滲み出させることで、カメムシなどの悪臭を出す昆虫や、さらにはスカンクによって使われる防御と似ている。これらの防御は、木と甲虫の間にあった大昔の軍拡競争の副産物であり、それは甲虫の種間の激しい戦争をも促してきたような競争である。専門化は甲虫にとって不可欠のことである。甲虫のリサイクル業者たちは、無力のものまたは死んだものを追い求めなければならない。いくらかの注目すべき例外を除いて、彼らは腐食者である。

わたしは、自分の切り倒したマツの木について観察したことを記録するにあたって慎重になることに決めた。二〇一一年五月十一日、わたしはキャビンのそばの空地にそれらの木の幹を残した。気温はさわやかなカ氏六十度（セ氏約十六度）くらいだった。今にも甲虫たちが飛んで来るのが見られるかと期待して、わたしは待って待って待った――一か月以上の間。そしてまだどの丸太の上にもマツノマダラカミキリ（マツの木につく最も一般的なカミキリムシ）は見えなかった。わたしは彼らが絶滅したのではないかと思った。それとはほど遠いことに、まもなく気がついた。

七月二十三日の暑い夜のさなか、キャビンで、わたしは一匹の大きな昆虫が裸の背中の上を歩いているのに驚いて目を覚ました。わたしは跳び上がって、その年に見た最初の一匹のマツノマダラカミキリをつかまえた。次の夜、別の一匹がわたしの眠りを妨げた。翌朝、わたしは一匹が窓の内側にいるのを見た。そしてわたしが腰掛けるとさらに別の一匹がズボンの脚を這い上がって来た。わたしはキャビンのドアを閉めて虫除け網をかけたままにしておいたので、それがブユやカを効果的に撃退していた――そしてたぶん長さ三十二ミリメートル、幅八ミリメートルのカミキリムシも。カミキリムシの発生源はキャビンの中にあるにちがいなかった。

わたしが以前に椅子として使っていた一フィート（約三十センチメートル）の長さと幅のマツの丸太を思い出したのは、そのときだった。その前の年、わたしは、春の嵐で倒されていた一本の生きたストローブマツから丸太を切り出し樹皮を剥いでいた。その丸太を今調べてみて、側面にかなり大きな完全に丸いいくつかの穴――直径約八ミリメートル――を見つけた。数えてみると九個の穴があったが、それ以前の何週間かには一つもなかったことに気がついた。それらの穴はどうも、わたしがつかまえたばかりのカミキリムシたちの出口穴らしかった。わたしは椅子をのこぎりで「クッキー」のように切って、一フィート（約三十センチメートル）の太さのマツの丸太の中心を貫くトンネルが何本もあるのを発見した。カミキリムシの成熟した幼虫、さなぎ、成虫が、その木材の全体にわたって、丸太の奥深く入り込んで散在していた。成虫はしかし、すでにほとんど表面までトンネルを掘っていた。昼の光の中に羽化して出るために、彼らはあと一センチメートルも噛み進めばよかった。見たところこの緯度では、七月下旬はこの甲虫たちが発生を完了する時期で、彼らの発生はすでに前年の夏に始まっていたようだ。これで、なぜわたしが春と初夏の過去二か月間、甲虫たちがわたしの切ったばかりのマツの木にやって来るのを見たことがなかったか、わけがわかった。

わたしが予測していたように、そのときから九月中旬まで、マツにつくカミキリムシたちは春の間に外に出しておいた丸太のところに現れ始め、八月初旬まで幼虫たちが「のこぎりを引く」のが聞こえた。この音は、こすることに結びついているかもしれず、温度によって周波数が変化し——暖かい日には音高がはるかに高い——わたしは昼も夜もそれを聞いた。この「のこぎり引き」の産物は一ミリメートルから五ミリメートルの長さの木材の繊維または裂片で、「フラス」として知られ、幼虫が樹皮を通って木材の奥深くへ噛み進むときにできる穴の下の地面に円錐状の堆積物となってたまるものである。ときにはフラスは、まるで丸太が内臓を漏れ出させるかのように、穴からほとんど噴出しそうだった。フラスはこの甲虫たちの腸を通過していなかったかもしれなかった。わたしは成虫と幼虫の両方の腸内容物を調べ、この物質の痕跡がないことを発見した。成虫は腸が空っぽで、彼らのトンネルは、彼らが七月下旬に存在していた直前には、細かい、粉末状の、のこぎりくずのような物質だけを含んでいた。幼虫の腸は滑らかなクリーム状のペーストを含んでいた。見たところ、フ

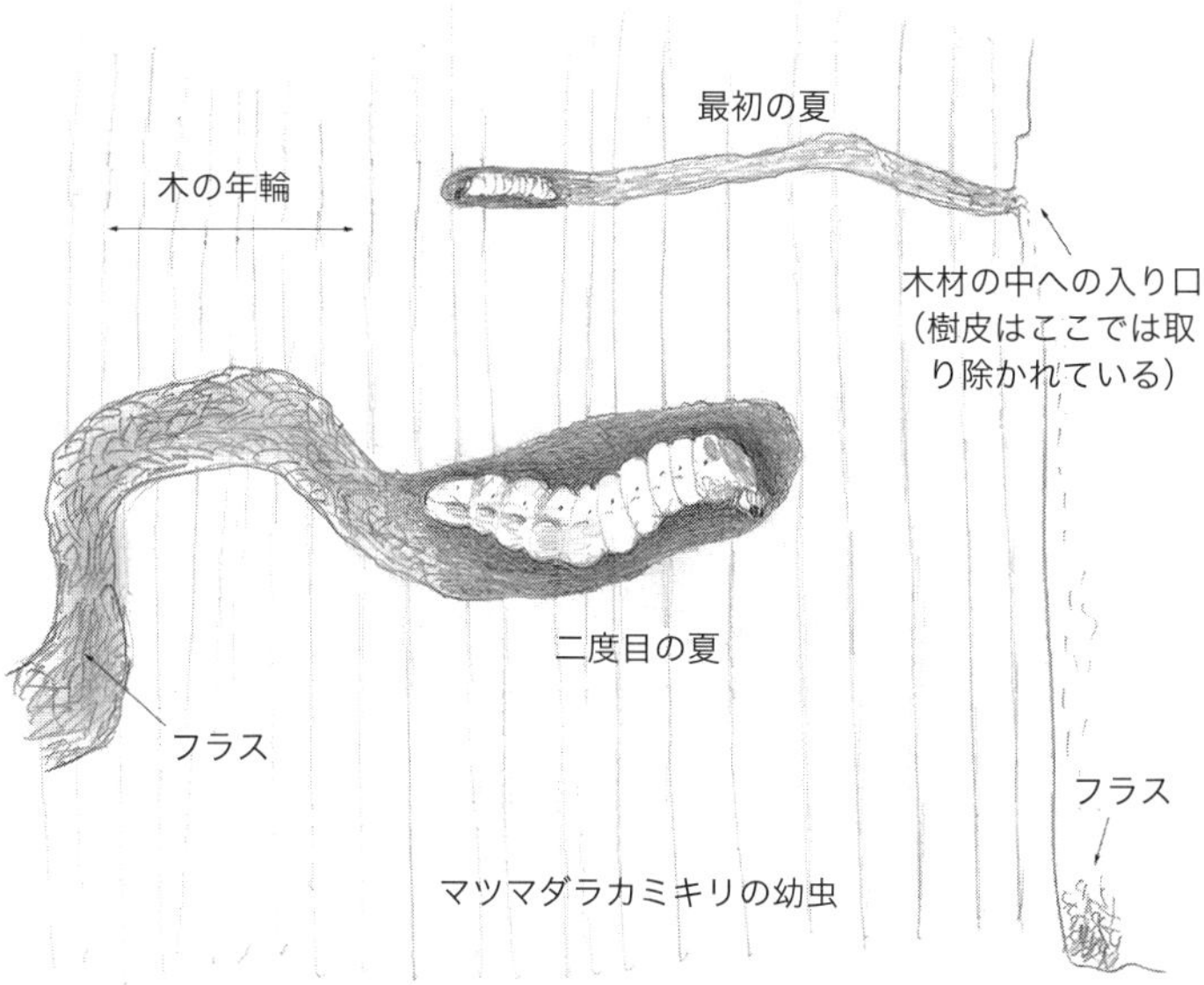

丸太の断面図。マツノマダラカミキリの幼虫が最初の夏に木材に入った状態（上）と、二度目の夏に拡張された穴に入った状態（下）。

ラスは幼虫が木を噛み進んだとき、そしてたぶんその一部を食べたときの副産物で、わたしたちがナッツを食べて殻を捨てるのと同じである。

一か月後、九月上旬に、わたしはチェーンソーを使ってそれらのマツの丸太の内部を見られるようにして、幼虫の進み方を追跡した。八月初旬には、夏至の頃に成虫のカミキリムシによって産みつけられた卵から孵化した最初の幼虫たちが、内側の樹皮と白木質の境界面に採餌穴を作り始めていた。今はしかし、樹皮の下に幼虫はいなかった。彼らはみなすでに丸太の奥深くにもぐりこんでいた。その幼虫たちは、冬の間丸太の中にいるのをわたしはしばしば見たことがあったが、そこで次の春にさなぎにな

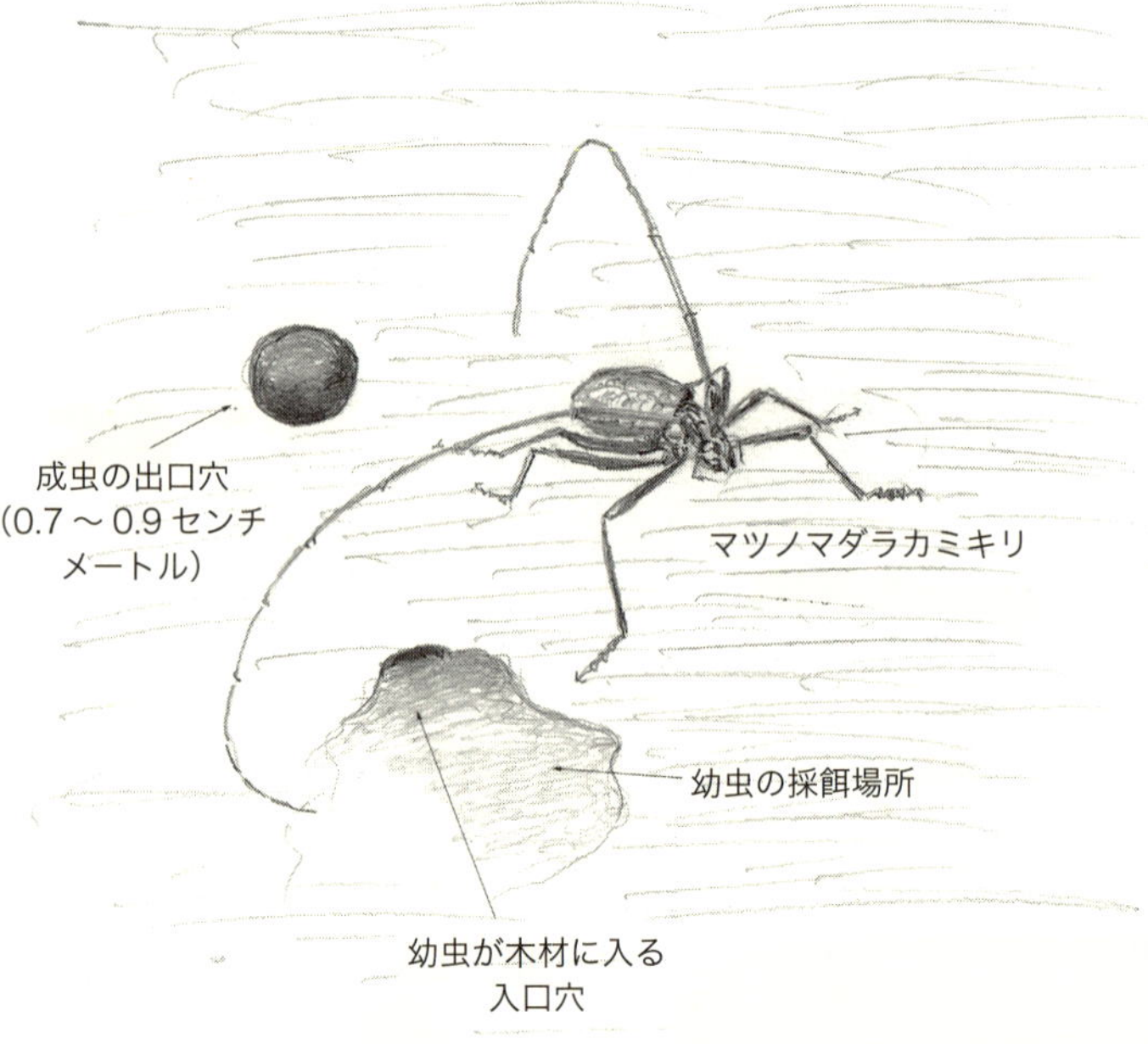

木から羽化した後のマツノマダラカミキリの成虫。羽化するために噛んであけた出口穴のそばにいる。同じ縮尺で、前の夏からの幼虫の入口穴を示す。幼虫は樹皮の下でえさを取った後、ここから木材の中に入る。

り、それから成虫に変態し、七月か八月に羽化しただろう。わたしは、甲虫たちが地面に倒された木々にどのようにあれほどすばやく到着するのかに関する自分の疑問には答えていなかったが、なぜ彼らが（ふつう）夏の終わりまで辺りにいないのか、答えを見つけていた。

温度はたぶん甲虫の羽化に影響する主な変数である。甲虫たちは冬のさなかにさえ羽化することがあり、わたしは驚いたことに二月一日に一匹見つけた。外気温はカ氏〇度（セ氏マイナス約十八度）以下で、この日、わたしはキャビンを通常の三十〜五十度（セ氏マイナス約一度〜十度）からさわやかな七十五度（セ氏約二十四度）に暖めていた。数時間のうちに、たくさんの甲虫がわたしの二階の窓の一つにやって来始めた。一日でわたしは三百五十三匹を集めていた！　彼らはすべて、わたしの肉眼では黒いしみのように見える種のキクイムシだった。どれも二ミリメートルより長くなく、〇・四ミリメートルより幅広くなかった。彼らの発生源は、わたしが秋に一本の枯れた白いカバノキの木から作ったテーブルの脚だった。わたしは樹皮を残しておいた。集めた三百五十三匹の甲虫の容積はティースプーンすり切り一杯になった。

木材に穴を掘る甲虫のほとんどどの種も、木材に穴を掘るときに後ろに独特の「足跡」を残し、それぞれの種は特定の種の木を利用する。わたしは、思いつく限り「最も健康な」森の一つ、ウィリアム・O・ダグラス自然保護区に行った。そこはレーニア山に隣接し、太平洋岸から遠くない。わたしは、一度も伐採されたことのないヒマラヤスギとベイマツ（ダグラスモミ）の巨木の下を通るヤキマ・インディアン・トレイルに沿ってハイキングをした。わたしは、すべての齢の生きているモミの木々とすべての段階の朽ちて土に戻ろうとしている枯れたモミの木を見た。最近倒れた巨木の一本から樹皮を剥いでみると、甲虫の通った跡――内側の樹皮に刻み付けられたたくさんの掘り穴と、木材の下側の対応する像――で美しく模様が描かれていない部分は一平方インチ（約六・五平方センチメートル）たりとも見つからなかったである。それらの跡はメインでマツにつくカミキリムシの幼虫によって残された跡と似ていたが、ただしベイマツに残された跡の大部分はカミキリムシによるものではなく主としてキクイムシ（キクイムシ科）によるものだった。キクイムシは一般に小さく目立たないが、潜在的にきわめて破壊的である。メインのわたしの森にいるキクイムシの多くが死にかけた木々で見つかる。

キクイムシとその幼虫の跡は、樹皮の下の木材の表面に美しいタトゥーのような模様を作る。わたしの森にある最近切り倒された一本のアメリカトネリコの木には、木の肌理《きめ》を横切って刻まれたほとんどまっすぐなたくさんの目立つ線があった――それらの線は、立っている木では水平だったろう。一本一本の線は一インチか二インチの長さだった。小さいたくさんの溝は、大部分は肌理に沿っていて、両側で直角に一番大きな溝に接していた。四十本から六十本のこれらの垂直なトンネルは、一本が一匹の幼虫によって掘られたもので、中央の水平の線の両側から放射状に伸びていた。わたしがそのアメリカトネリコの木からたった二、三歩のところにある一本の枯れたバルサムモミから剥がした樹皮の一片は、異なる種のキクイムシによって加工されているところだった。このキクイムシは、一本の水平な主線を残すのではなく、一個のはかない星に似たくり返し模様を残す。アメリカトネリコの木の採餌模様と同じように、たくさんの小さな溝がそれぞれの腕の両側から放射状に伸びていた。当然、疑問がわく。どのようにしてそのようなふしぎな「芸術的な」採餌模様が生じるのか、なぜ一つの種の模様は別の種の模様と異なるのか。

木材の中のカミキリムシの採餌模様（短い出口トンネルを除いて）のほとんどすべては幼虫によって作られるが、キクイムシによって作られるものは、成虫によって彼らの幼虫に与えられるものを

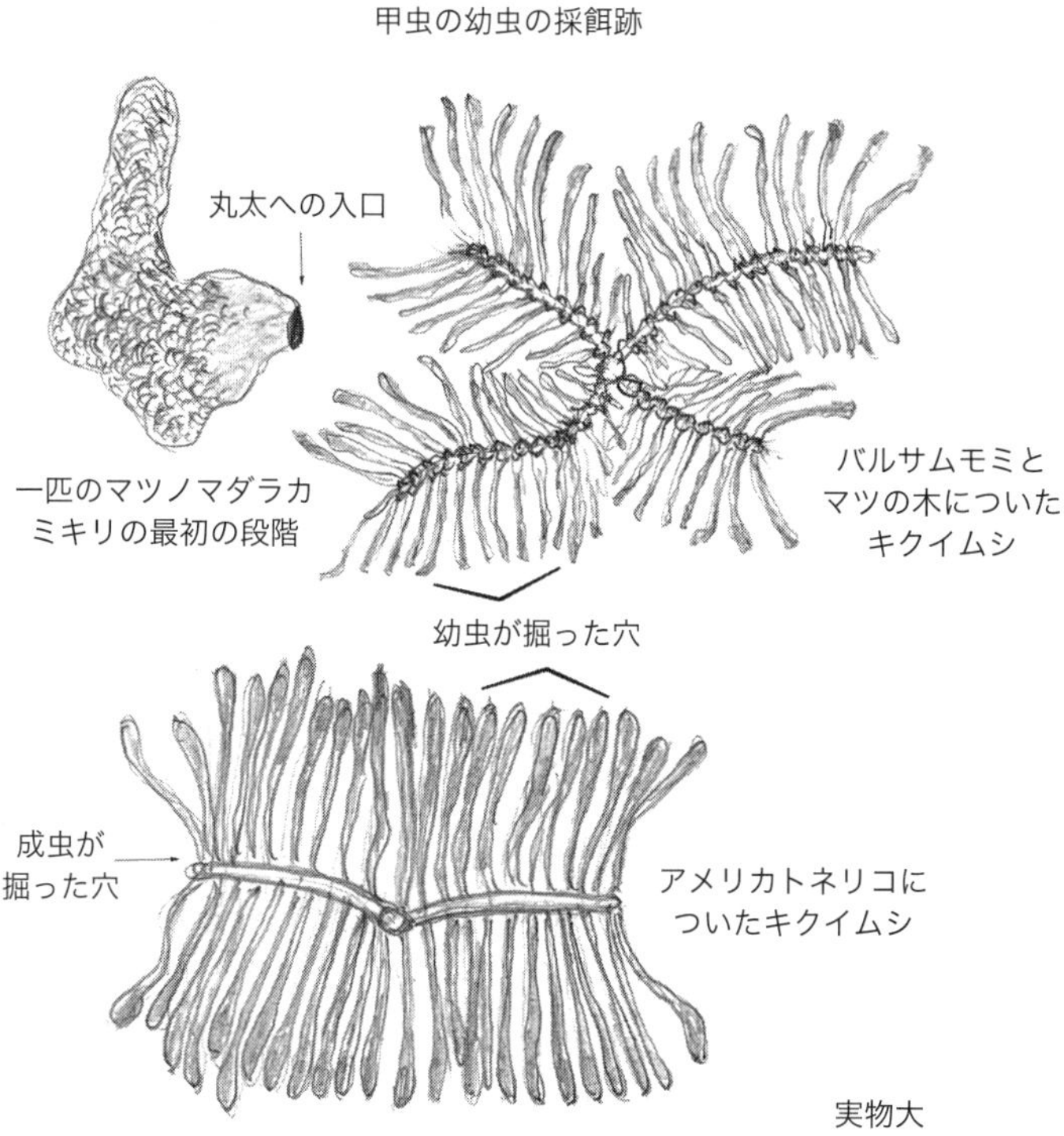

バルサムモミとマツの木の丸太についたキクイムシの採餌跡（上右）とアメリカトネリコについた別の種の採餌跡（下）。中央の穴は成虫によって作られ、それぞれの放射状の穴は一匹の幼虫によって作られる。比較のために、マツの木についた一匹のカミキリムシの幼虫の最初の段階の採餌跡（左上）を参照。

かなり多く含む。採餌は、十分な防御をおこなうことができないような死んだばかりの木または病気の木に一匹の単独の成虫雄が樹皮を突き破って穴を掘るときに始まる。一匹一匹の甲虫は、外側の白木質に到達した後、自分が樹皮を通って入ってきた入口の下に小さな空洞を作る。それから種によって一匹または数匹の雌がこの「結婚の寝室」に入ってきて彼に合流する。交尾した後、それぞれの雌は入口穴の下にある交尾室から放射状に出て行く一本の坑道またはトンネルを掘る。上述のアメリカトネリコの例では、水平の線は実際には二本の隣り合った坑道である。バルサムモミはふつう四本の放射状の坑道をもつが、わたしは七本まで見たことがあり、それぞれはその雄の「ハーレム」にいる異なる雌によって作られたものだった。それぞれの雌は自分の坑道を下りながら間隔をおいて右と左に卵を産み、それらの卵から孵化した幼虫は自分自身のより小さな坑道を母のものに直角に作る。坑道の数はその雌の子孫の数を示し、それぞれの横坑道の長さは、その幼虫が最後に蛹化するまでに食べた白木質の量を示す。約一か月後（気温によって）、生まれたての甲虫たちが、雄が入るときに作った穴を通ってその木から出て行く（甲虫たちによって導入された真菌と細菌がいまやその木を葬る葬儀屋の仕事を加速させる）。家族の採餌模様はしたがって芸術的追求ではなく、甲虫の社会的行動、性的な配偶様式、そして木を葬る葬儀屋としての役割の記録である。

わたしは戸口の上がり段から木々のリサイクリングの最初の段階を垣間見たわけだが、わたしが見たことは、いかにこれらの高度に専門化した甲虫葬儀屋たちが、動物の死体に関連づけられる葬儀屋たちをある意味で思い出させるものであるかを強調する。また、それは木々の防御において温度が重要な役割を果たすことを示唆する。毎年、マツノマダラカミキリの一世代だけが生み出され、生活環の一サイクルにほとんど丸一年かかる。しかし非常に小さい甲虫、たとえばキクイムシは、はるかに短時間で成熟に達する。十分に暖かい温度と長い夏があれば、キクイムシの六世代がたった一年のうちに生み出されることがある。

地球温暖化は、キクイムシが一シーズンにより多くの世代を生み出すことを可能にしつつあり、この気候に誘発された高い繁殖率は、アラスカ、カナダ北部、アメリカ合衆国西部の一部で大量の森林破壊を引き起こしつつある。長くなった暖かい季節は、キクイムシが群れをなして攻撃し、木々の防御力をしのぐことを可能にしつつあり、そうでなければ彼らの攻撃を受けなかったであろう健康な木々をますます多く殺している。

木材は甲虫類にとってだけ魅力的なのではない。膜翅目、つまりハナバチ、アリ、カリバチが属する目《もく》の一つのグループは、社会性というよりは単独性の昆虫で、彼らの幼虫は木材を常食とする。これら、つまりキバチ（キバチ科）は、大型の頑強なカリバチで、雌の尾の先端にあるまっすぐな堅い産卵鞘からホーンテイル（角の尾）という英語名がついている。丸太の中に卵を産む用意ができると、雌は針のような産卵管を鞘から引き出してまっすぐに下に向け、鞘と自分の身体と直角になるようにする。それから中空の産卵管をほとんどその長さいっぱいに固い木材に差し込む。もしその木材が適当であると感じれば、一個の卵をその木材の中に押し出す。その際、真菌と、真菌の成長を促進し幼虫が木材を消化するのを助ける粘液の分泌物を一緒に押し出す。木材に穴を掘る甲虫の幼虫と同様、このカリバチの幼虫は、柔らかくなっている木材を噛み進むにつれて自分自身の後ろに穴を作り出す。

昆虫の幼虫は、ほとんどの捕食者とまだ固い木材の奥深くにいる寄生者から相対的に安全に守られている。しかしヒメバチの一種、メガリッサ・イクネウモンは、キバチの幼虫に寄生するよう専門化してきた。この種の雌は、最長十センチメートルにもなる長い産卵管——自分の体長よりも長い（一センチメートルの長さのキバチの産卵管と対照的に）——をもつ。飛んでいるとき、それは雌の後ろに引きずっている一本の長い黒い糸のように見える。この「糸」はしかし、産卵管だけでなく、そのまわりに巻き付いて保護鞘を形成する他の二本の細い糸からもできている。キバチの産卵管とはちがって、この鞘は非常に柔軟性があるが、それでもこのヒメバチはそれを固い木材の中に数センチメートル差し込んで、一つの卵をそれを通してキバチの幼虫の中に押し出すことができる。

キバチとちがって、メガリッサの雌は、むちのような、柔軟性のある産卵管を差し込むために馬鹿力を使うことができない。産卵管を保護鞘から取り出して、先端が木材にまさに接触するようにするために、自分の背中を超えて大きな弓を描くように輪を作らなければならない。曲技飛行のように見えるやり方である。雌の産卵作業は時間が長くかかり危険なものである（それに従事している間、雌は事実上その木材にくっついていてすばやく撤退することができず、ときにはそこで動けなくなる）ので、自分の標的が木材の内奥のどこに位置するかを何らかの形で知ることなしに産卵作業に投資することはありそうもない。どうやって雌がそれを見つけ出すのか、知られていない。

木材に穴をあける甲虫とキバチが彼らの生活環を全うするために最近死んだ木から羽化するとき、彼らは数多くの他の昆虫に適するような新しい生息場所を後に残す。甲虫とカリバチの幼虫によって作られた木材の中の坑道は、さまざまな昆虫によって使われる。まず、真菌を常食とする甲虫たちが殺到し、次にホソカタムシの仲間などの専門化した捕食者がやってくる。これらは最初の入植者たちを常食とする。キクイムシを食べる捕食者の一つのグループ、カッコウムシの類は、赤、オレンジ、白、黒の模様でカラフルに飾られていて、餌食の甲虫を噛み砕くのに必要な強力な大顎筋を固定するずんぐりした頭部をもつ（対照的に、花粉を食べる甲虫の小さな頭部に注意）。

やがて樹皮は木からはがれ始め、他の昆虫やクモのためにさらに多くの生息場所を作り出し、それらの昆虫やクモはそこで食物を見つけ、そこに隠れる。これらの入植者が今度は彼ら自身の捕食者、たとえば赤い平たいヒラタムシの一種を引きつける。

木材が乾燥した状態にある限り、腐敗に侵されないが、それでもある種の専門家甲虫の幼虫は乾燥した木材を食べる。たとえば、ヒラタキクイムシ（ヒラタキクイムシ科・ナガシンクイムシ科）やシバンムシ（シバンムシ科）として知られるさまざまな種の小さな茶色い甲虫である。その幼虫たちは、木材を加工してそこに含まれる少量の栄養のある澱粉を得る。彼らの掘り穴は、幅がたった一ミリメートルから三ミリメートルかもしれないが、彼らが噛むにつれて粉末状のおがくずをあふれ出させる。こうなると水分がそれらの穴を通して木材に入ることができ、腐敗をもっと速く進ませる。

幼虫の穴によって、その後真菌と細菌の腐敗によって、だんだん柔らかくなって、その木材は結局、大型のとがった刃をもつカミキリムシの幼虫に適した状態になる。その間に、真菌葬儀屋たちはある種の甲虫が食べる子実体を生み出す。

熱帯地域では、湿った腐りかけた木材と他の植物性物質は、コガネムシ科の甲虫、たとえば世界最大の甲虫、南アメリカのヘラクレスオオカブトやアフリカのゴライアスオオツノハナムグリなどの生息場所になる。ゴライアスは、旧約聖書の巨人ゴリアテにちなんだその名のとおりの生き方をする。体長が十センチメートルにもなることがあり、幼虫は体重が百二十グラムにもなる。ムシクイの体重の約十倍である。ここ北東の森林では、わたしがよく知っている唯一の木を食うコガネムシ科昆虫は、全身真っ黒のハナムグリの一種、オスモデルマ・スカブラで、わたしはその脂肪のように白い幼虫を、湿っぽい腐りかけた木材をもつ硬材になる木のほとんどどれにもきまって見つける。この幼虫は部分的に透明なので、消化管の中にある濃い色の木材がどろどろになったものが見える。もっと南では、コガネムシ科ハナムグリ亜科に属する、大部分が熱帯性のハナムグリの幼虫が見つかるだろう。ゴライアスはこのハナムグリ亜科の一員である。世界中で、推定四千種のハナムグリ亜科の種がいる。大部分は熱帯性で、それらの多くはこれまでに記載されていない。

ハナムグリ亜科の昆虫のサイズは非常に幅広く、彼らのめだつ、光沢のある、ふつうは金属的な模様も、目を見張るほど多様である。すべての幼虫は白く、腐りかけた植物を食べて生きるが、最大のものは主として腐りかけた木材を食べ、一方、成虫は腐りかけた果実を常食とする。このグループに属する中間サイズの甲虫の成虫は花弁を食べ、最も小型のものは花粉を食べる。

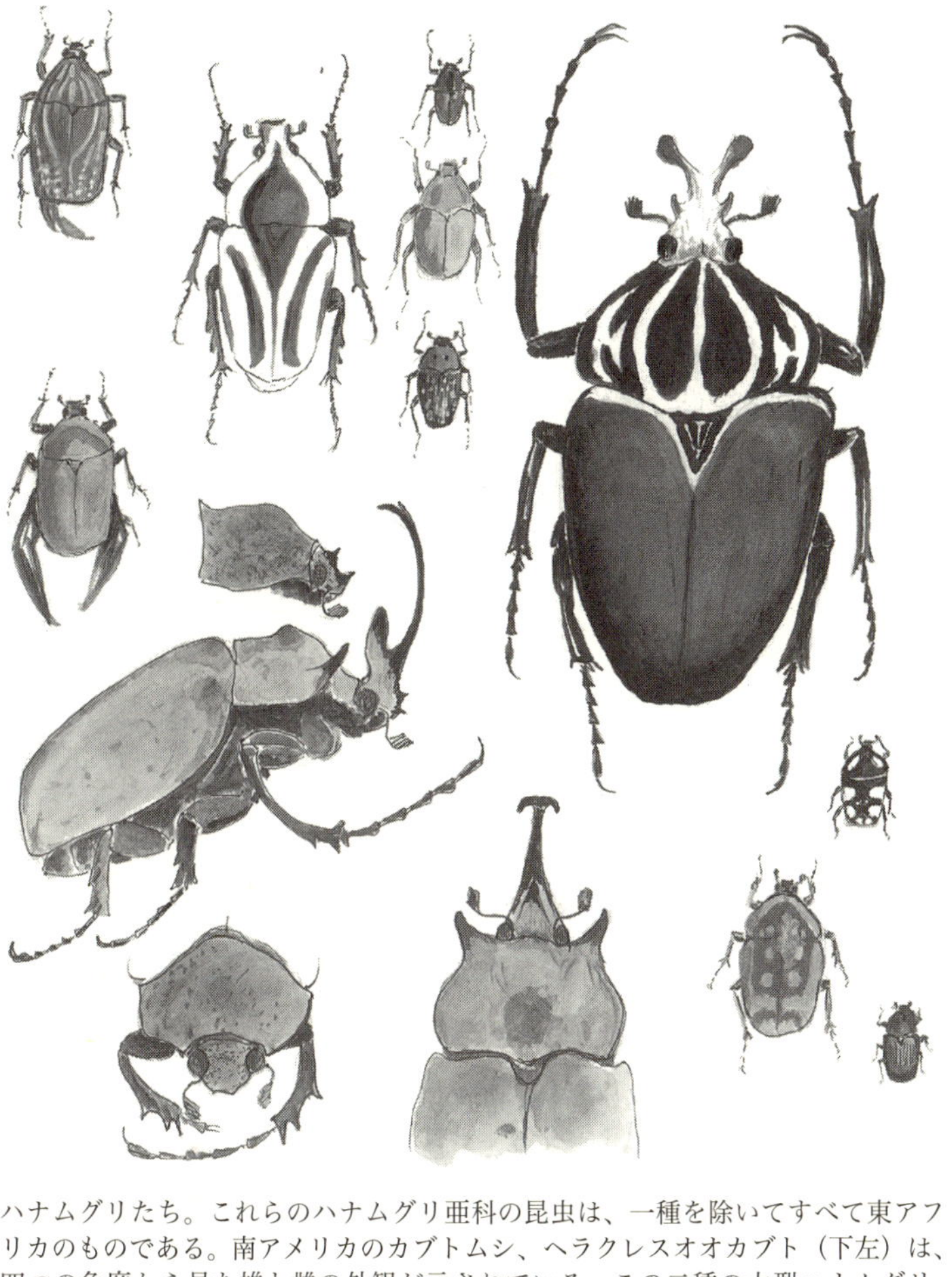

ハナムグリたち。これらのハナムグリ亜科の昆虫は、一種を除いてすべて東アフリカのものである。南アメリカのカブトムシ、ヘラクレスオオカブト（下左）は、四つの角度から見た雄と雌の外観が示されている。この二種の大型ハナムグリ、ヘラクレスオオカブトとアフリカのゴライアスオオツノハナムグリ（上右）は、成虫としては果実食者だが、その他のハナムグリは主に木の授粉媒介者である。幼虫のすべては腐りかけた木材と他の死んだ植物を常食とする。ハナムグリは輝く色で有名である。金属的な緑色、黄色、そして豊かな茶色に輝く色である。

成虫の採餌パターンのために、ハナムグリ亜科の昆虫は主要な熱帯の授粉媒介者である。多くの植物の花は、彼らに授粉媒介されるように特異的に適応している。食物報酬を与えない（花の訪問者に与えるための蜜や花粉が得られない）南アフリカの二種のランについての最近の研究で、これらの植物はハナムグリ亜科の甲虫が訪れないと果実をつけないことが発見された。この甲虫たちは、まさに食物を提供してくれるある植物の花にそれらのランの花が擬態しているために、ランの花を訪れた（そして授粉媒介した）ようだ。したがって両方の植物種は、ハナムグリ亜科の甲虫とそれらの植物がそこで生きていくために、その生息場所に同時に存在しなければならない。わたしは、南アフリカのサバンナで花をつけたアカシアの木々のまわりをブンブン飛んでいるハナムグリたちの姿を見たこと、音を聞いたことを楽しく思い出す。ダル・エス・サラームの近くで彼らは飛び回って、おそらく花盛りのマンゴーの木々に授粉していて、わたしは地面にある腐りかけた木の幹の中に彼らの大きな白い幼虫たちを見つけた。こうして、死が生命に変わるこの連続するプロセスでは、木を葬る葬儀屋の仕事の役に立つハナムグリ亜科の甲虫のあるものは、一つの直接相互作用する生きているシステムの中で、代理生殖器官としての決定的な役割も演じる。これらの相互関係はすべての生物群集に存在するが、これほど直接的で単純なものはめったにない。

いったん死んだ木に植えつけられれば、真菌は木材の腐敗の大部分の原因となる。実際、菌類学者のポール・スタメッツによれば、真菌は「世界を救う」ことができる。わたしたちの生活の中で彼らが果たす役割には、食物と抗生物質の提供、毒素の中和（生産だけでなく）などがある。しかしこれらのサービスのすべては、木材を分解する際の彼らの役割を矮小化していると思う。

一つの真菌は多くの形をとる。その真菌はときには見えるが、たいていは見えない。ある木から十分な栄養物を抽出した後、真菌はそれらの栄養物を自分自身の生殖のために転換し、よく見えて壮観でさえある子実体になるかもしれないものを成長させる。これらの真菌の生殖器官は、胞子を生み出してまき散らすもので、ふつうさまざまな外形のキノコとして知られている。これらの構造を生み出す真菌の本体は、糸のような網の成長したもので、全体として菌糸体とよばれており、菌糸体は木の幹の中で何年間も成長することができ、その後、特定の温度と湿度の条件に反応して子実体を生み出す。子実体の腹側表面にある管またはひだはそれから何百万という胞子を放出し、それらの胞子はたいていの場合、風によって旅をする。一個の胞子は、どこか適当な場所に着陸したのち、発芽し、新しい菌糸体網を生み出す。反対の配偶タイプの二つの菌糸体が出会って合体し、有性胞子を生み出すかもしれない。

ほとんどのキノコは、ほんの二、三日持続するだけで、その後、腐敗するかまたは食べられることになる。しばしばハエの幼虫に食べられる。しかし、ある種のキノコ――棚型のキノコ――は何年間も持続し、毎年、新しい胞子を担う層を一層ずつ底に加えていく。他の真菌類、たとえば土の上で育つものの齢は、子実体の周期的な生産によって測定されうる。わたしたちの隣人の芝生の上に、何年かキノコの芽が出てきて、いつも輪になって、年々大きくなる。一週間ほど後には、そのキノコは腐って死んでしまうが、キノコを生み出す菌糸体は地下に残って、自分の子実体をその後の夏に増やす。

木の上で生きる真菌は、ほとんどの時間、同様に隠されている。カエデを腐らせる真菌、ナラタケを取り上げよう。これは木の樹皮の下に白い真菌マットを形成する。この真菌は生物発光性――暗闇で光を放つ――だが、もちろん、ふつうはこれを外から見ることはできない。わたしはこの真菌の後期だけを観察したことがあるが、その時期には樹皮は枯れて緩んでいる。そのとき、菌糸束（根の形）とよばれる黒い「靴ひも」のような真菌器官の密なネットワークが見える。それは何か月あるいは何年もの間、目に見える。ナラタケの第三の形は子実体、つまり生殖胞子を生み出す小さな茶色のキノコである。これらのナラタケは、感染した木の根元に出てきて、胞子を落とし、たった一週間で衰える。

食べられるキノコは食い道楽の楽しみで、わたしの家族がドイツのハーンハイデの森に住んでいたとき、みんなでたらふく食べた。わたしたちは腐食者を食べて生きる腐食者だった。食べたのは主にわたしたちがドイツ語でレーフスヒェン（「ノロジカの小さな足」）とシュタインピルツェ（「石のキノコ」、日本語名ヤマドリタケ）とよんでいたもので、他にもたくさんあったが、もう名前を覚えていない。現在、アメリカ合衆国で大ヒットしているキノコが一つあるが、それはシイタケで、アジアで何千年もの間栽培されてきた。一般に日本語のシイタケ（オークを意味する日本語の「シイ」から来ていて、その木の上で育つ）という名前で知られている。シイタケは、その味とともに、評判の免疫機能を高める効果や高い蛋白質含量のために珍重される。シイタケは切られたばかりの――だが新鮮すぎない――丸太の上で栽培され、現在、バーモントとメインのわたしの家の近所でも、オークとカエデの丸太の上で育てられている。シイタケの「卵」（菌子）は市販されていて、わたしのカエデの森から取り除かなければならないサトウカエデの丸太をリサイクルするために、それを使うつもりである。甲虫の幼虫がこの真菌の菌子を丸太に注入してくれるのを待つ代わりに、栽培者たちはチェーンソーでたくさんの切れ目を入れ、菌子をすりこみ、それから溶かしたワックスで一つ一つの接種物を密封する。

ここニューイングランドでは、死んだばかりかまたは乾燥しかけた硬材になる木、とくにオークの上で生きるいくつかの他のキノコが、多くの人々によって食物として求められる。わたしたちは、毎年夏の終わりから秋にマスタケのために木材を探しまわる。このキノコは英語でチキン・オブ・ザ・ウッズ（森のチキン）ともよばれる。鶏肉のような味がするからである。「実を作る」一回の芽吹きで一個の菌によって生み出される子実体は、五十ポンド（約二十三キログラム）より重いかもしれない。別のキノコ、マイタケは英語でヘン・オブ・ザ・ウッズ（森の雌鳥）とよばれ、子実体は木材の第三の処理屋、オイスターー・マッシュルームすなわちヒラタケとほとんど同じくらい大きく、美味である。このヒラタケは、枯れた広葉樹、とくにブナの上で育つ。これらの真菌の子実体は、わたしたちの味覚を刺激し、多くの動物にとってなくてはならない食物源として役立つかもしれないが、それらの真菌の目に見えないいろいろな形は木の葬儀屋としてはるかに役に立つ。

死んだ木材をリサイクルする多くの真菌のうちいくつかの子実体。色は、鮮やかな赤、黄、緑から黒、茶にわたる。

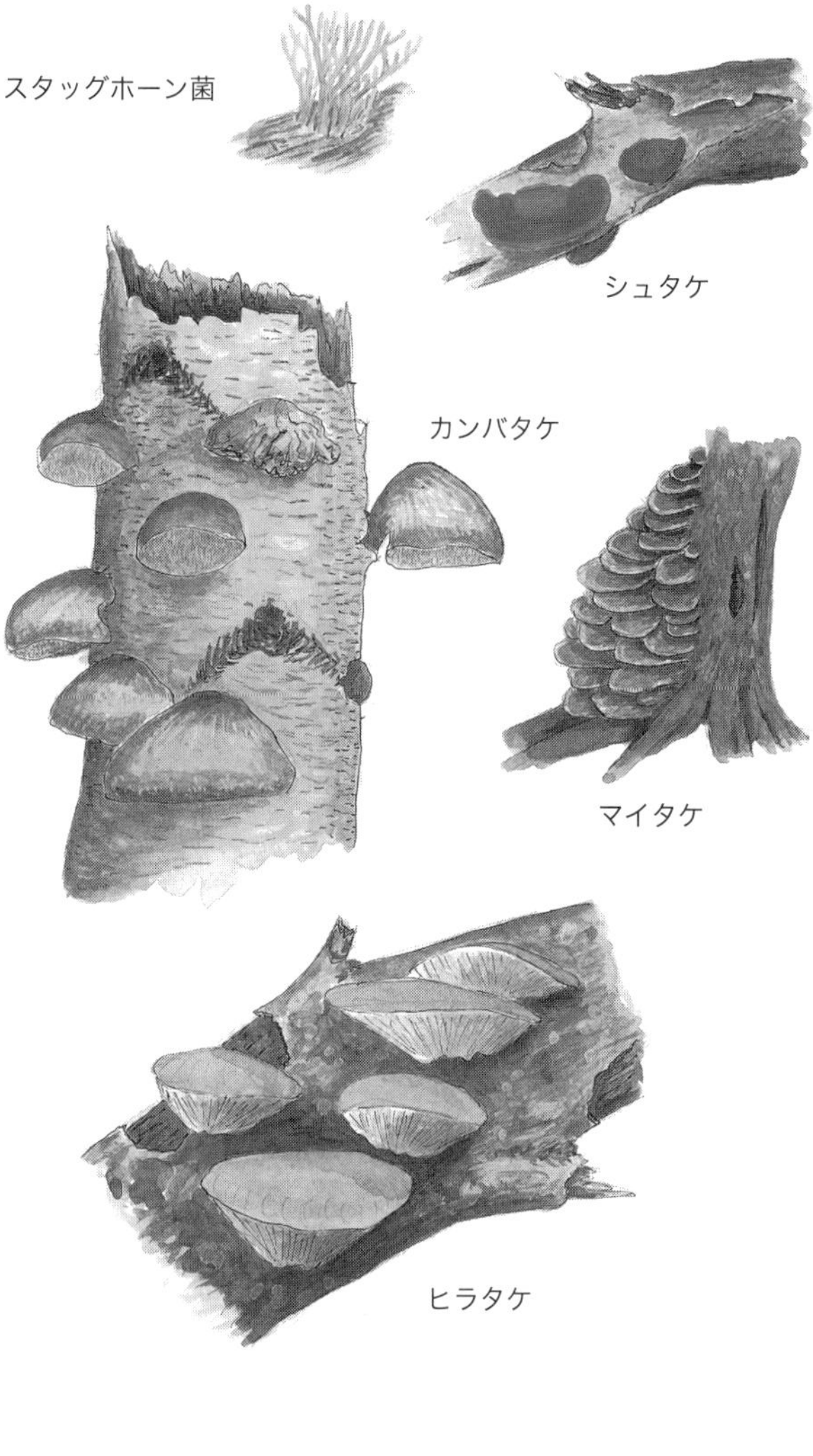
スタッグホーン菌
シュタケ
カンバタケ
マイタケ
ヒラタケ

木の葬儀屋の仕事は、動物の葬儀屋の仕事に比べて氷河のようにゆっくりとしたペースで進むが、多くの木々は、死にいたる途上で、プロセスが完結する前に、生命を提供する。この移り変わりの相で、木の身体は、地面に倒れる前にさえ、重要な生態学的機能を果たす。

枯れた木は、腐り始めた後でさえ、何十年も立ったままでいるかもしれない。このような立ったままの枯れた木々は、ある森の健康状態を示す最も重要な指標の一つである。なぜかといえば、それらの木は森の生命の指標だからである。一つの森にいる鳥の種の三分の一以上は、食物（もし甲虫の幼虫を食べるなら）と営巣場所の両方のために、立ったままの枯れ木に依存している。なぜなら、部分的に腐敗していることが巣穴の構築を可能にするからである。この中間段階がなければ、ほとんどのキツツキは存在しえなかったろう。中身が詰まって硬い生きた木材だけからたたいて巣穴を作ることができるキツツキはほとんどいない（ただし、外側の硬い層をたたいて、その下にあるもっと柔らかく、部分的に真菌によって軟化された木材に到達するかもしれず、その場合、そこで中心となる巣の空洞を作るだろう）。

この現象の最もわかりやすい例の一つは、ツリガネタケ（英語でフーフ・ファンガスすなわち蹄キノコともよばれる）とキコブタケに関係する。これらは古いポプラの木で成長する。ツリガネタケは英語でティンダー・マッシュルーム（火口《ほくち》キノコ）といい、火花から火をおこすために古い時代から使われてきた（エッツィ、すなわち一九九一年にイタリアの氷河で発見された五千三百年前のアイスマンは、それを携えていた）。今では、主にシルスイキツツキの役に立っている。

著名な内科医で鳥類学者の故ローレンス・キルハムは、ニューハンプシャーのライムにある自宅の近くのシルスイキツツキを研究した。彼は、シルスイキツツキがツリガネタケの成熟した子実体についてなんらかの探索像（サーチイメージ）のようなものをもっていると判断した。この真菌は、ポプラの心材のなかで成長し、白木質は硬い殻として残すが、子実体は外側にあって、樹皮に付着している。これらの子実体は、巣穴を掘る木々にシルスイキツツキたちを導く。多くの他のキツツキとはちがって、シルスイキツツキは昆虫の幼虫を得るために木材を掘らない。その代わり、カエデ、カバノキ、シナノキ、オークなどの木の樹皮に穴をあけて樹液をなめる。たぶんこのキツツキたちは、硬い木材を掘りたくないかまたは掘ることができないために、柔らかくなったポプラの木を巣穴のために好む。

キルハムの一九七一年の研究を知る前に、わたしは彼の結果を確認していた。わたしは、このキツツキたちがツリガネタケのついたポプラの木を選り好みするかどうかと思っていた。なぜなら、わたしがシルスイキツツキの巣穴を見つけるときにはいつもツリガネタケが見えたからである。わたしは、バーモントの自宅の近所にあるポプラの木々を調査した。そこにはたくさんのポプラの木がある。わたしたちの道に沿って百七十六本のポプラの木を調べた。そのうち十二本にツリガネタケの棚状になった子実体があり、さらにそれら十二本のうちの五本にシルスイキツツキの穴があった。真菌のいないポプラの木のどれにもシルスイキツツキの穴はなかった。シルスイキツツキは、柔らかい芯をもつ木を、巣を作る木として慎重に選ぶように見える。たぶん彼らは、ツリガネタケの子実体によってその木を特定する。その他のこの地域のキツツキもポプラの木を利用するが、ポプラの木の選り好みまたはツリガネタケのついた木の選り好みはない。セジロコゲラとセジロアカゲラは、これからひなを育てる巣穴を掘るために、高い、まだ硬い枯れたカエデの切り株を選ぶように見える。しかし、秋には彼らはしばしばもっと腐敗の進んだ低い切り株を掘って、一夜を過ごすための洞を作る。わたしが最近見つけた、セジロアカゲラによって作られた二つの穴は、だいぶ前から枯れているバルサムモミと、シミダシカタウロコタケによって柔らかくなったカバノキにあった。二つの綿毛に覆われた冬のシェルターが、カワラタケに占領されたサトウカエデの地上二メートルのところに作られていた。

もしこれらの好みの木が利用できれば、キツツキたちは選り好みをするが、このような好みがあるにもかかわらず、彼らは柔軟性がある。ただし、必ずしも最良の結果がともなうわけではない。メインにあるわたしのキャビンの敷地には、ポプラの木がほとんどなく、わたしは一度、枯れたカエデの切り株に巣穴を作っていたシルスイキツツキのペアを見つけたことがある。わたしは不注意からその発見をした。嵐の中でこの切り株が砕けた後に、まだ裸の赤ん坊を誤って地面の上に振り落としてしまい、地面の上で赤ん坊が死んでいるのを見つけたのである。

わたしが知っているすべてのキツツキの種の赤ん坊は非常にさわがしく、ほとんどひっきりなしにギシギシというやかましい音を立てている。ことによるとこの音は、彼らにたえずえさをやるように両親を動機づける助けになるのかもしれない。それは捕食者を引きつけもするにちがいない。ただ

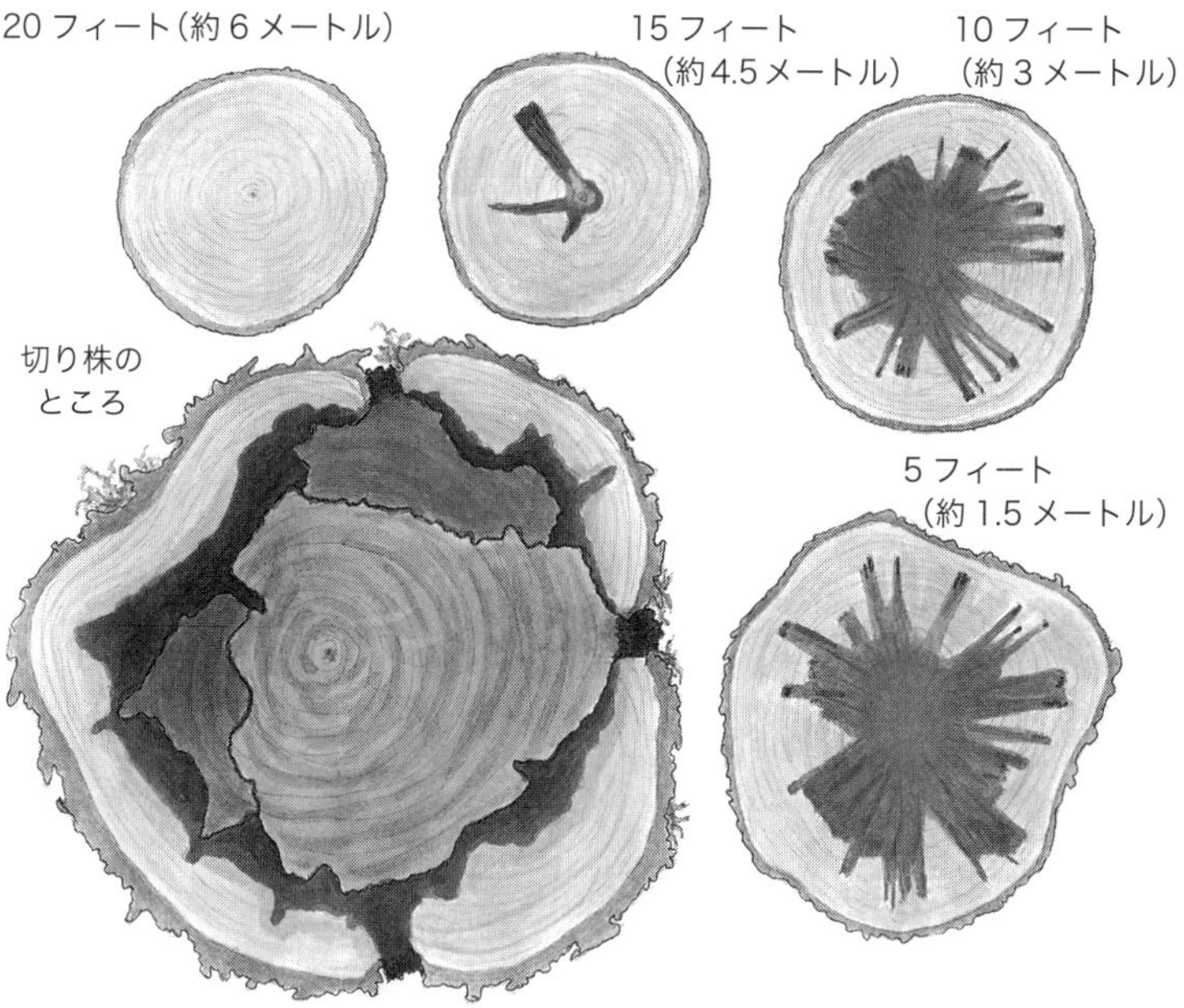

だんだん陰になってまもなく死にそうだった一本の生きたサトウカエデの木の中である真菌が前進する様子。この真菌はおそらく土台（下左）の近くに入ったが、そこでは生きた組織が一つの物理的な傷のまわりで成長していて、外側の三つの傷を残していた。最も軽い心材は死んでいて、（まだ硬いのに）組織を腐敗させている。黒い部分は、木が感染と闘っている場所である。断面図は、この真菌が木を登って伸長し、15フィート（約4.5メートル）より少し高いところまで達していることを示す。

し、子どものキツツキたちは大部分、彼らの要塞、つまり硬い木の内部で安全にすごしているのだが。しかしキルハムは、アライグマが巣穴に押し入ることができるなら、ときどき子どものシルスイキツツキたちを巣から抜き取ることができることを発見した。アライグマたちは、ポプラの木々の中にいるさわがしいシルスイキツツキのひなに首尾よく到達することはほとんどない。ポプラの木は外側に白木質の硬い殻がある。しかしアライグマは、シルスイキツツキが枯れたカエデ、カバノキ、ブナ――頑丈な白木質の殻をもっていない木々――を選んだ場合、巣に押し入ることができた。

キコブタケに感染したポプラの木は、シルスイキツツキたちにとって価値ある資源になりうる。ひとたびそんな木を一本見つければ、彼らは巣を作るために数年間連続してその木に戻ってくるかもしれない。シルスイキツツキは、同じ木に戻る唯一のキツツキの種である（しかし、他のキツツキと同様、そのつど新しい巣穴を作る）。もしその鳥たちが六年か七年の間、戻ってくるなら、その結果、一種の「安アパート」のようなものができる。空の穴のあるものは、北のモモンガだけでなく、ゴジュウカラ、エボシガラ、コガラによってもわが家としてリサイクルされる。

セジロアカゲラ、セジロコゲラ、エボシクマゲラは、巣穴のために硬材になる木を優先的に選び、死んでいるがまだ硬い（少なくとも外側は）木の部分、そしてふつう木の非常に高いところの部分を使う。シルスイキツツキとはちがって、それらのキツツキは冬に南へ渡らない。セジロアカゲラとセジロコゲラは、わたしがニューイングランドで知っている、冬に夜を過ごすために自分でシェルターを作る唯一の鳥である。十月に彼らは巣穴に似た空洞を掘るが、それらの空洞がほとんどいつも、腐敗した、掘るのが簡単な木の株にあることだけが異なる。同様に、森の中や森の周縁に、三種のフクロウ、そしてアメリカオシドリ、アイサ、ゴジュウカラ、オオヒタキモドキ、ミドリツバメ、ルリツグミ、アメリカチョウゲンボウが、どれかの種のキツツキの穴に巣を作る。アメリカコガラとカナダコガラはときどき巣穴を掘るが、彼らの小さなくちばしはシルスイキツツキのものよりはるかに弱い。彼らのくちばしは硬い木材を突き通すことができない。この鳥たちはすっかり腐敗した木材をさがしだす。アメリカキバシリは巣穴を掘らないが、ぶらさがった樹皮の下に巣を作るので、やはり枯れた木を必要とする。主に枯れた針葉樹である。熱帯では、ほとんどすべてのオウム、サイチョウ、ゴシキドリ、そして多くのヒタキ類は、巣のために木々の穴をあてにする。

木々は、生きたものも枯れたものも、魚にとって生命を促進するものでもある。川岸に沿って育っている木々は、水に陰を作って冷たく保ち、これがマスが呼吸するのを助ける。彼らは大量の酸素を必要とするが、温かい水は酸素をほとんど保持しない。しかしそれ以外に、美しい緑の大理石模様のイワナの類で、青の輪で囲まれた赤い斑点があり、赤で縁取られたひれをもち、ピンクか赤の腹をしたカワマスが、隠れ場所と休息場所を必要とする――すべての生物がするのと同様に。小川の岸沿いにある木々の根は土壌を保持するのにきわめて重要な役割を果たすが、勢いよく流れる水は川岸の下部をえぐり取ってくぼみを作り出し、そこでカワマスは近くに漂ってくる昆虫をつかまえようと待ち構えて横たわる。

バーモントでわたしが住んでいる所の舗装していない道路に沿って、ビーバーがいなければ水は季節的なものだろうという排水路がある。ビーバーたちは食物のためとダムを作るために木々を刈るので、そのビーバーたちのおかげで、水は今では年間を通じてそこにある。そのビーバーたちは、谷の傾斜を下っていくつもの階段に水を蓄えるような一連のダム（最後に数えたときに十五個）を構築してきた。それらのダムは、長さが二十フィート（約六メートル）から数百フィート（百フィート＝約三十メートル）にわたる。ビーバーが作った池の最大のものは、三種の魚をかくまい、六種のカエル、一種のヒキガエル、少なくとも二つのタイプのサンショウウオの繁殖場所である。これらの池はカワマスにふさわしくあるには浅すぎて、夏に暖かすぎるが、もっと高く涼しい高度では、ビーバーの仕事の成果の一部はマスの最良の生息場所である。

ビーバーはたくさんの木材を水の中に引き入れて自分たちの小屋とダムを作るが、流れもせき止められて、魚の生息場所を作り出し、そのとき木々は自分で水の中に垂れ下がる。長年にわたって、春の雪解け水が一本の木を下流に移動させるかもしれず、下流でその木は堆《たい》や、いくつかの角のとれた大きな岩や、他の木々にぶつかってひっかかり、丸太の停滞を起こす。水はその停滞の上、下、あるいはまわりを渦巻き、穴を掘り、よどみを作る。そこは、水位が低い暑い夏の日にマスが隠れ、涼しく過ごす場所である。これらのめったにない渋滞はマスとサケの生存に大きなちがいをもたらす。

森の中でも似たようなもので、立ったままの枯れた木々は結局は倒れて、生物たちの全く別の一そろいからなる生態系を作り出す。しかし、生態系としての木は、真菌や細菌の仕事が進むにつれ、変わり続ける。地面近くの湿気、豊富な酸素、暖かさはすべて、真菌が木材を柔らかくするのを助ける。コケが腐りかけた木の幹を覆って成長し、そうでなければ流れ落ちるだろう雨水を保持

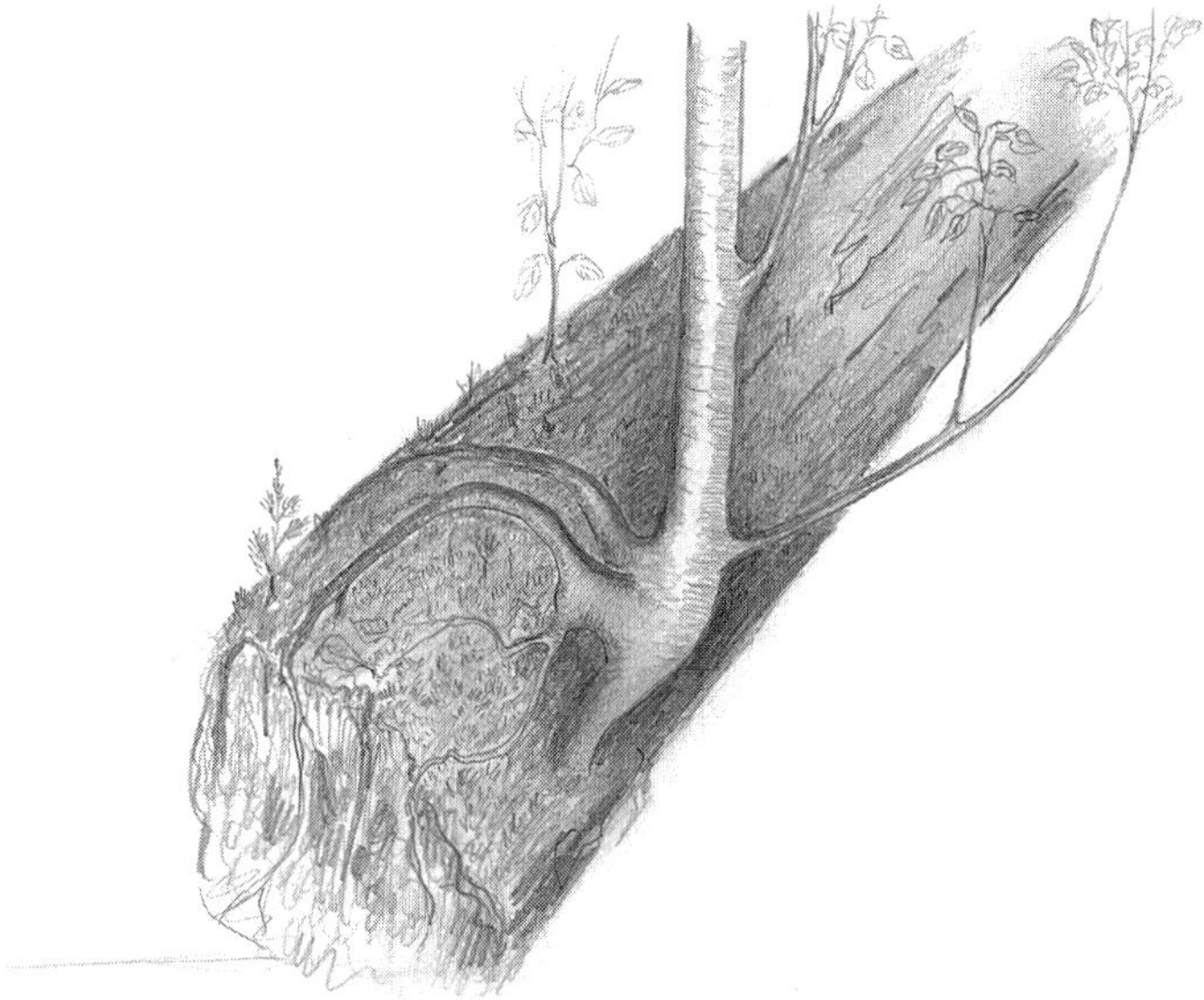

古いマツの丸太の上で成長している一本のイエローバーチの木。腐りかけた丸太は、わずかの食物の蓄えしかもたない木の種子が根付きを得られるような空間を、地面を覆う葉の上に用意することによって、保護樹として役立つ。

する。ある種の木々、たとえばわたしの森のイエローバーチのような木の苗木は、平らな地面に積もった重い毎年の落ち葉を突き抜けることはほとんどできず、コケに覆われた倒れた丸太の上でスタートを切ることができる。スウェーデン人の博物学者、ペーア・カームが一七五〇年代半ばに北アメリカを旅する間に書いた報告を読んで、わたしは、これらのコケで覆われた「保護樹」が、原生落葉樹林でいくつかの木の種を維持するのにとくに重要だと思った。カームは、ペンシルベニアにいる間、木々のサイズが大きいことと森林の下層がまばらであることに驚いた。リスの大群がいっぱいで、人々はブタを森の中に放してえさの木の実をあさらせた。なぜ多くの実をつける木々がこれらの森で好まれるのかのちょっとしたヒントが、彼の十一月十三日のコメントから集められるかもしれない。「現在、木の葉はすべての木々から落ちてしまった。オークの木々からも落ちる葉をもつすべての木々からも。そしてそれらの葉は森の中の地面を覆って六インチ（約十五センチメートル）の厚さになった」。木の実のような大きな種子から出た苗だけが、そのような葉の層を突き抜けて伸びてくることができる。小さな種子をもつ種は、樹冠の光に届くために、倒れた木々を競争のない発射台として使ってレースをする。

一本の丸太が分解し始めると、ムカデやヤスデ、そして秋にはスズメバチ、甲虫、その他の昆虫たちが冬眠するためにもぐりこめるようになり始める。続く何年かのうちに、その丸太がさらに地中に沈み、秋に葉で覆われるにつれて、その木材は腐植土として土に戻る。

約二十年前、オレゴン州立大学の林学部の科学者たちは、カスケード山脈の五百三十本の腐敗しつつある丸太について、二百年研究を開始した。その研究は前途遼遠である。巨大な丸太は崩壊するのに長い時間がかかるからである。しかしすでに、オレゴン州立大学の森林科学の教授、マーク・E・ハーモンが言ったように、「わたしたちが見つけたものの多くは、従来の知とは反対に進んできた」。

彼らのこれまでの主な発見は、腐敗しつつある丸太は栄養サイクルに栄養を与え、森の健康にとって、以前（ある人々によって）推測されたよりもはるかに重要だということである。窒素の利用可能性は、ある森の成長の重要な制限因子であり、腐敗しつつある丸太の分解は窒素を放出し、窒素は再利用される。しかしもっと重要なのは、崩壊のプロセスは空気中の気体窒素を抽出し、それを生物が蛋白質に変えるために利用できるようにすることである。もう一つの点は、褐色腐朽菌――木材のリグニン成分を分解できないグループ――は土壌を形成するのを助けるような構造物質を後に残すことである。白色腐朽菌は、木材のすべての部分を分解するが、いくつかの木の種だけで活動し、種によってさまざまな速度で活動する。ある森の種構成は、したがって、土壌にとって、再生にとって、長期的な影響をもつ。わたしは、木の多様性は土壌におよぼす作用を通じて最終的に木の成長を促進すること、土壌は木が死んだときの残り物からだけでなく生涯を通じて枯れ葉を脱落させることからも作り出されることが、将来、明らかになると思う。

毎秋、郊外の芝生のていねいに刈り込まれたペットグラスは、周囲のカバノキ、トネリコ、カエデの木々の落ち葉で一面に覆われる。多くの人々は、落ち葉がまるで一種のゴミであるかのように、良心的にそれらの葉をかき集める（あるいは、もっと悪い場合、騒々しい、気体動力式落ち葉吹き飛ばし機で落ち葉を取り除く）。彼らは葉を黒いビニール袋に詰めて、その袋をゴミ収集車が拾っていくように歩道のへりに置いておく。わたしは葉を落ちた場所に残し、雨と雪はそれらの葉を地面の上にへばりつかせる。早春に、最初の土砂降りの雨があった後、草が育ち始める前に、葉の葬儀屋たち（ミミズ）が夜、地面から出てきて、仕事を始める。彼らは穴から伸び上がって出てきて、ふにゃふにゃになった湿った落ち葉を口でつかみ、自分のトンネルの方へ引っぱり、引き入れる。朝には、ミミズたちが明け方に一枚の葉で半分仕事を終えた芝生の全面に、葉の束が垂直に立っているのが見える。ほとんどのミミズは、夜明けとともに仕事を中止し、地下に引っ込む。ロビンにやられる危険を冒さないやつらだ。ミミズたちは、見つける葉が多ければ多いほど、より多く増殖し、芝生を肥沃にして酸素を供給し、芝を成長させる。

森林での土壌作りも似ている。わたしが親しんでいるメインの森は、木の伐採にもかかわらず野生的ですばらしく、その森を魅力あるものにし野生的に保つものは巨大さであり、その巨大さは「きれいさ」をおおいに減じ、乱雑さと伐採後の切りくずを増やす。木々が腐敗し、再生して腐葉土と土に戻る時間がある。

森林の土壌は、複雑で種の豊富な一つの生態系であり、それはある意味で一個の生物そのもののようにふるまう。エドワード・O・ウィルソンは（『バイオフィリア』の中で）一握りの土を次のように描いた。すなわち「この印象のよくない塊は、すべての他の（生命のない）惑星を合わせたものの全表面よりも多くの構造の秩序と豊かさ、そしてとくに歴史の秩序と豊かさを含んでいる。それは、探検するのにほとんど永遠の時を要するかもしれない小さな人跡未踏の地である」。ここでわたしはそれを少しだけ探検しよう。森林土壌にいる細菌は、蛋白質が腐敗してできるアンモニウムを取り込み、それを使用可能な硝酸塩に転換する。他の細菌は、大気中の気体窒素を固定し、それを土壌中に戻す。土壌中で育ち、土壌に依存する種類の細菌は、今度は、そこで成長することのできる植物の種類を決める。酸素が少ない環境では、他の細菌が脱窒者としてふるまう。つまり、彼らは窒素を大気中に戻すのである。別のグループ、放線菌は、有機物を分解して腐植土を形成する。それはきわめて多様な真菌がおこなうのと同様である。さらに別の真菌は、木々や他の植物の根とともに、菌根として知られる共生関係で生活する。菌根は、その木が土壌から栄養を吸収するのに必要である。

死んだ植物と動物の物質を分解することによって、土壌微生物は有機的に結合した窒素とリンを植物が成長のために使える形で放出する。こうして、長い目で見れば、森林の土壌は自らを養うために枯れた木々、あるいは木の伐採から出る切りくずと「廃棄物」を必要とする。しかし複雑な化学は別として、有機物質が畳み込まれている土壌は水を結合するような肌理をもち、水を連続的に木々の成長に利用できるようにする。炭素、窒素、水のサイクルがすべて土壌の中で出会い、枯れた木の上で交わり、それらが森林の生命を与える。

土壌は森林の生産性に中心的な役割を果たし、それゆえに森林に由来する農地に森林の肥沃さを与える。土壌は現在、林業と農業のためだけでなく、大気中の二酸化炭素と気候変動におけるその役割のために、とくに注目される話題である。木々によって捕獲された炭素は幹と深い根の木材に貯蔵されていれば、何世紀もの間、放出されないかもしれない。あるいは、落ちて土壌に取り込まれる葉に封鎖されていれば、一、二年で放出されて大気に戻る。どの時点でも、土壌は約六十パーセント炭素である。どのようにして土壌の炭素は大気中の二酸化炭素に影響を与えるのか。大気中の二酸化炭素は産業革命の初めの約二百七十五ppmから現在の三百八十九ppmまで増加してきた。土壌からの二酸化炭素の放出は土壌微生物と真菌に制御されていて、上昇する温度が彼らの活動を増大させる。推定では、北極地域の土壌は世界の土壌炭素のおよそ半分を含むが、土壌が「永遠に」凍っているため、それは当面、放出されえない。しかし、数度程度の少しの温暖化があれば、永久凍土層を溶かすことができ、大気中の二酸化炭素濃度に大きな影響を与える。木々は放出された炭素を「捕獲」するが、炭素が土壌中にとどまらなければ、炭素を長い間保持することはできない。最近の研究が明らかにするところでは、驚くべきことに、木々は、より多くの二酸化炭素を取り込むとき、自らが育つ土壌からより多くの二酸化炭素を放出もする。ことによると、より速く木が成長すると、その結果、根から栄養分が放出され、根は土壌微生物と真菌を刺激し、土壌微生物と真菌は次に封鎖された炭素を土壌から放出するのかもしれない。

わたしたちは、古い木々、枯れた木々を処分して、大気から過剰の炭素を捕獲するために若くて「健康な」木々を植えるとき、自分たちは最も偉大な葬儀屋として地球に与えられた神の贈り物だと考えるかもしれない。わたしたちは、自然が淘汰の四十億年の過程で作ってきた木々よりもおそらく「緑」であるような、「より優れた」、遺伝子工学で作られた木々を優先的に植えることによって、自然をより良いものにするのだと考える。淘汰の過程では、たぶん一本の木の何万という子孫のうちのたった一つだけが生き残って繁殖するだろう。しかし、昆虫、かび、細菌、そしてビーバーたちは、木々の死を生に変えるサイクルへの驚くほど確実な、最も効果的で入り組んだ、協力的なシステム解決策を設計してきた。そのシステムは、非常に長い期間にわたって現実の条件でテストされてきていて、わたしたちが思う目先の利益のために設計された細部に手を加えることによって改良されることはほとんどない。

糞を食べる者

使われないものはくずである。使われるものは、瞬間の移ろいによって作り出されるほうびである。
——ヨーハン・ヴォルフガング・フォン・ゲーテ『ファウスト』より

一九七〇年代の半ば、わたしはカリフォルニア大学ロサンゼルス校のジョージ・A・バーソロミューとともにケニアのツァヴォ国立公園に行った。バートはわたしの博士課程の指導教官だったが、わたしに生理学的生態学者になるよう促したのは彼だった。わたしたちは、糞虫の生理、行動、生態を研究するためにケニアに行った。当初は、ゾウの糞を食べる糞虫（オオサマダイコクコガネ）に特に興味があった。このスズメほどの大きさの糞虫は戦車のような作りで、タカのように飛び、ブルドーザーのように硬く固まった土にトンネルを掘る。それぞれの単婚ペアは一匹の子孫を新鮮なゾウの糞をえさに育てる。ゾウの糞は、両親が地下の巣に運び入れて、それから糞玉にする。

わたしは、それより十年ほど前に初めてアフリカのオオサマダイコクコガネを見ていた。それはメイン大学で学部学生の勉強をしていたときで、わたしは一年の休暇をとって両親に同行して、エールのピーボディ博物館のためにタンガニーカ（現在のタンザニア）へ鳥を集める遠征に行った。その一年にわたる遠征の間のわたしの活動の一つは、鳥を捕まえるためにメル山のまわりの森に網を設置することだった。わたしが夜明けの早い時間にそれらの網を点検すると、ゾウが近くにいるときはいつも網の中にたくさんの糞虫が見つかるのだった。夜に新鮮な糞に向かって飛んでいる間に、糞虫たちは網の中に巻き込まれてしまったのだ。カリフォルニア大学ロサンゼルス校でそれから四年後、わたしは昆虫の飛翔の生理学とその体サイズと体温との関係を研究した。大きな昆虫は熱く、小さな昆虫は熱くなかった。オオサマダイコクコガネはわたしがそれまでに見たことのあるどの昆虫よりも大きく、それを研究することはわたしの研究を完成させるために、ほとんど「不可欠のもの」のように思えた。わたしは、少なくとも彼らの体温を安定させるのに十分なほど長い時間、一匹でも研究室の中で飛ばすことはできなかった。しかし、彼らがやって来ることがわかっている場所、つまり新鮮なゾウの糞のところで彼らをつかまえて、飛んでいる糞虫の体温を測定するのはやさしいだろう。さまざまな体の大きさをしたたくさんの甲虫の種が同時にやって来て、それらはぜひとも必要な対照昆虫となるだろう。バートは鳥類と哺乳類の世界的権威だが、これがおもしろい計画だと彼を説得するのは、むずかしくなかった。そして彼は愛想よくこの旅の資金を出し、一緒に来てくれた。

百五十種ほどの糞虫がアフリカのどの一つの地方でも見つかるかもしれない。南アフリカだけで七百八十種が生息している。ツァヴォでは、雨期の始まりで、糞虫の活動がピークになるときだった。わたしたちは、芽が出たばかりの草を食べながらゆっくり進む、赤土埃にまみれた百頭余のゾウの群れに出くわした。チョークのような白色のチョウたちが、あちこちにある白い花をつけた低い灌木の上をひらひら飛んでいた。金属的な緑色のハナムグリは、黄色の花で輝くアカシアの木々のまわりを

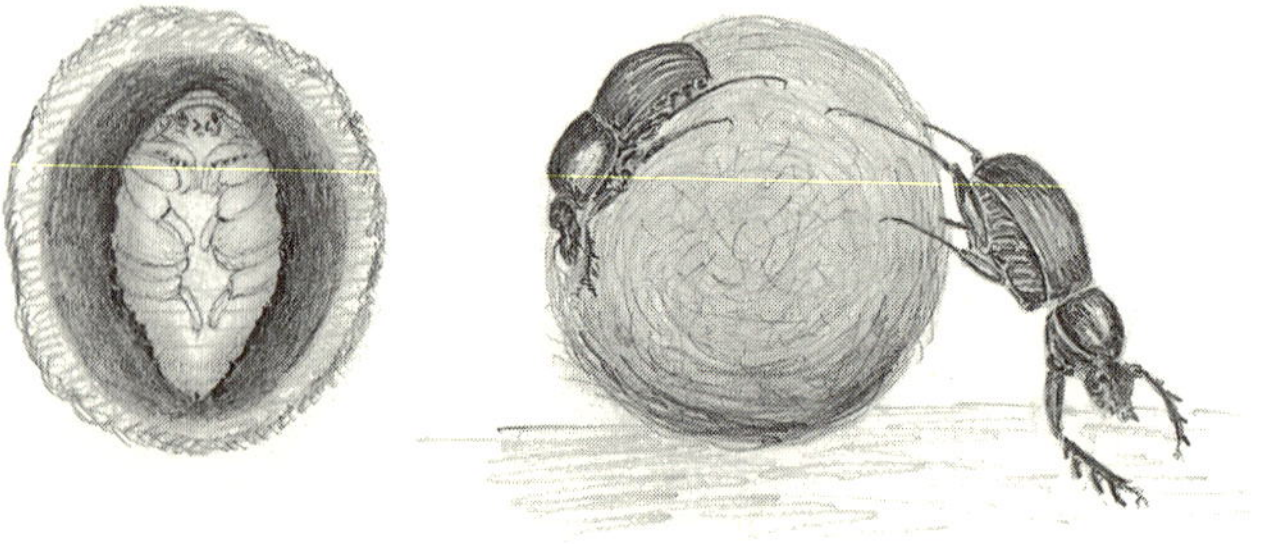

糞ころがしのペア（右）。雄が糞玉を押し、雌がその上に受動的に乗っている。糞玉は、一度埋められると、彼らの幼虫に食物を提供し、幼虫はそれから、断面図（左）に示されるように、糞玉の内部で蛹になる。

ブンブン音を立てながら飛んでいた。ゾウたちは、草の束を鼻でむしり取り、それを器用に口の中に詰め込んでいた。一頭一頭のゾウは、毎日何百トンもの草と小枝を加工し、規則的な間隔でバスケットボールほどの大きさのロールパンの形の糞を落とす。

ゾウの群れが行く先々で一幅の植生を食べ尽くしながら移動して行くにつれて、ゾウたちはひとすじの糞の堆積を後に残す。たまに日中やって来る観光客は、一つ一つの糞の堆積にいる糞虫の数に感動するかもしれないが、日中の彼らの活動の規模は、暗くなってからくり広げられる驚くべきスペクタクルとは比べものにならない。バートとわたしは、ツァヴォのロッジで他の連中と一緒に夕方にウィスキーを一杯やっていてもよかったのだが、わたしたちは、ゾウのためではなく、ゾウの糞にいる糞虫のためにここにいた。そしてわたしたちは、糞虫たちの大部分が活発になる夜に外にいなければならなかった。

ゾウの一群がついさっき通り過ぎた場所で暗くなってから外に出てみれば、あるいは日中に集めた新鮮な糞が入ったバケツを地面に置いておけば、ライオンたちが深い咳のような声で吠え始める少し前に、低いブンブンという音が聞こえるだろう。それは糞虫が一目散に飛んでくる音で――何百匹と、それから何千匹と――全員がその糞の堆積に直行する。彼らは、米粒より少し大きい程度からスズメの大きさのオオサマダイコクコガネまで、サイズの幅がある。わたしたちは一度、新鮮なゾウの糞半リットルのサンプルにやってくる糞虫を、なんと十五分で三千八百匹集めたことがある。糞虫の総重量は、わたしたちが外に出しておいた糞の重さを超えていた。毎夜、糞はその場で食われるか、地下のトンネルに引き入れられるか、または糞玉に丸められて、他の場所で埋められるべく転がされていった。一時間か二時間後には、ゾウの糞で残ったのは、ジューシーな滋養分がほとんど抜き取られた後の緩く、ほとんど乾いた、繊維質の物質からできている直径二メートルのパンケーキだけだったろう。しかし、何百匹という米粒大の糞虫がもう少し長い間、埋まったまま残って、栄養分の最後の小さなかたまりを抜き出そうとしていた。

まもなくわたしたちの関心を最もひいた糞虫は、体の大きな一つの種の糞ころがしたちだった。その種は、後にスカラベウス・レヴィストリアトゥス（タマオシコガネの一種）として同定されたものである。このタマオシコガネたちは正確に夕暮れ時に、ちょうどわたしたちが夜の仕事を始めようとするとき、やって来た。彼らはきわめて用心深い歩き方で新鮮な糞に近づき、触角でさわって糞を調べ、それから両方の前脚の熊手状の先端と頭部の前部のシャベル状の延長部分を使って糞を切り崩し始めた。それぞれのタマオシコガネはいくらかの糞を持ち上げ、前脚でそれをたたき、それから追加の材料を堆積から引き抜く。このようにして、ゴルフボールほどの大きさかまたは野球ボールくらい大きい、ほとんど完全な球体を形作り始めた。このプロセスは十分から十五分かかることがあった。糞玉作りが終わると、そのタマオシコガネは、前脚を地面についてほとんど逆立ちをしながら、長くほっそりした後足を糞玉の上に置く。行こうとしている場所に尻を向けて、前脚で後ろ向きに歩き始めるが、その間、後足で糞玉を蹴ってどんどん転がす。しかし、そのタマオシコガネがうまい糞玉転がしのスタートを切る前に、他のタマオシコガネの群れが、糞玉を作るタマオシコガネの愛の仕事、愛のための仕事を盗もうとたくらんで、飛んで来る。雄によって作られた糞玉のあるものは結婚の贈り物または性的ディスプレイで、それらは競争する雄たちによって高く評価される。

新たにやってくるスカラベウス・レヴィストリアトゥスたちはしばしば糞の堆積全体を点検するが、糞玉作りにはすぐに興味を示さなかった。その代わり、彼らは一匹の糞玉を作っているタマオシコガネに近づき、そのタマオシコガネのほとんど作り終わった糞玉に飛び乗った。もしそれが雌で、糞玉の作り手が雄ならば、その雌は糞玉に体をぴったりつけて、動くのをやめただろう（いくつかの種では雌が糞玉を転がし、他の種では雌と雄の両方が糞玉を転がす）。雄はそれから雌を受け入れ、自分の糞玉を転がしていき、ヒッチハイカーにはもう注意を払わない。それは糞玉の上のただの突起にすぎない。しかし非常にしばしば、おそらく両方とも雄の二匹のタマオシコガネが糞玉の上で対決し、それぞれが相手を払い落とそうと、スパーリングを始めた。糞玉の作り手は自分が作った物を別の雄に譲りたくなかった。

単独の転がし屋または二匹組は、おそらく無原則だが一貫した方向へ、ことによると何かのランドマークまたはスカイマークに対して一定の角度を維持することによって、進んで行く。適当な距離を移動した後、または柔らかい地面のある所に到着した後、タマオシコガネたちは、たぶんモンシデムシがマウスの死体を埋めるのとほとんど同じやり方で、糞玉を埋める。もし二匹組ならば、そのペアは巣室を掘って交尾し、その後で雄は出て行く。雌は一個の卵を産み、そこにとどまって育児用の糞玉の世話をし続ける。その糞玉は発生中の幼虫にとってベビーベッドと食料貯蔵室の両方として役立つ（この食料は一匹のシデムシが使う死体一匹と容量は同じかもしれないが、蛋白質はずっと少ない。それゆえに一匹のシデムシが十数匹の子を産むのに対して一匹だけを産む）。この糞ころがしたちは寿命が最長で二年で、したがって生涯に数回、巣を作るかもしれず、そのつどちがう配偶者と作る。

埋葬のプロセスで、糞玉の表面は優勢な粘土質の土で覆われていく。糞玉はさらに地下で形が作り直され、唾液で強化され、でこぼこの殻を作り出す。雌は、幼虫が糞のほとんどを食い尽くして、そうして作られた空洞の中で蛹になるまで、糞玉を守り維持する。それから雌は出て行く。地下に残っているできたての蛹は最初は柔らかく乳白色だが、脚や他の体の部分の陰影が見える。綿のガーゼに包まれたエジプトのミイラを思い出させる。雨がまた降って土を柔らかくした後、たぶん卵が産み落とされてから一年後に、成虫のタマオシコガネが糞と唾液の殻を突き破り大地を掘り上がって出て来て、「ミイラのケース」から羽化する。成虫はおそらく夕暮れまで待って、新しい糞から立ち上る臭いを探して、ヴェルトとよばれる広々とした草原の上を飛ぶ。

わたしは、ゾウの糞（そしてたくさんの他の種類のもの）がなぜそれほど高く評価される資源なのだろうかと思う。糞は廃物ではないのだろうか。なぜゾウたちは摂取した植物からすべての栄養分を抜き取らないのだろうか。現在の仮説では、食物は腸を通るときあまりにもすばやく押しやられるので、いってみれば、クリームをすくいとることしかできないのだという。しかし、もし何千匹もの糞虫が半リットルの糞に十分な食物を見いだすなら、多くの栄養分が残されているにちがいないと思える。ゾウたちはエネルギー効率について強い淘汰圧がないのだろうか。そんなことはありえない。なぜなら、彼らの非常に大きなサイズとエネルギー需要は、彼らが食べたすべての物からできる限りのエネルギーを抽出するための高い淘汰圧を作り出しているはずだからである。しかしわたしは気がついたのだが、彼らは腸の中の共生微生物に頼ることによって消化を効率よくおこない、共生微生物はゾウたちが摂取した粗い食糧を分解する酵素をもっている。しかし当然の結果として、これらの魔法のような共生者たちはゾウにとって、わたしたちにとってのウシと同じものである。彼らの「持ち主」、つまりそれらの微生物を腸に集める者は、自制しなければならない。すなわち、手っ取り早い利益のために自分の共生者を消化するために殺してしまうような酵素を進化させてはいけない。彼らは共生者たちを生かしておかなければならならず、実際、ゾウたちは自分の「ウシたち」を消化することを妨げる何らかの未知のメカニズムをもっているかもしれない。また、これらの片利共生生物たちも、宿主から自分が消化されないようにするメカニズムを進化させてきたにちがいない。その結果、これらの生物のあるものは糞の中ですべてを終える。しかし、ひとたび落とされれば、それらは、ゾウたちのために金の卵を産むガチョウを殺すことになんの経済的抑制もない者たちにとって、潜在的な蛋白質源である。だからわたしは、ゾウが必要とするが完全に保つことのできない腸の共生者たちのおかげで、糞虫たちは無賃乗車を楽しむのだと思う。

糞は多くの動物にとって価値ある資源であり、それが景観の中で利用可能になるとすぐに、それをリサイクルするシステムがおそらく進化した。モンタナ州のトゥー・メディシン岩層の白亜紀の堆積物からわかったのは、糞を加工する甲虫は相対的に「近代的な」穴掘り行動をすでに進化させていたことで、その当時、たくさんのそのような甲虫が存在した。彼らは、どうも地上での激しい競争から集めた糞を持ち去るために、穴を掘ったのである。たくさんの糞を生産する動物――ゾウ、バッファロー、アンテロープ、キリン、イボイノシシ、ヒヒ、ライオン、ハイエナ、ジャッカル、ヒョウ、カバ、ヒト、サイ――がいることを考えれば、多量の糞がありたくさんの種類がある。動物たちは糞を落としながら、リサイクルする者たちの助けで、土壌を生み出し、そして、微生物の共生者と同様、消化されずに動物たちの腸のなかで生きて運ばれることのできるような植物の種子を、広めて植える。たとえばゾウは果実を好むので、たくさんの実をつける植物を食べた後、莫大な数の種子を広める。ある種の植物は、種子の拡散を全面的にゾウに頼っている。それは、他の植物たちが、花の受粉と、したがって繁殖のために、特定の種のカリバチやミツバチに全面的に頼っているのと同様である。最近のある研究が示したところでは、アジアゾウは一キロメートルから六キロメートルの距離にわたって種子を広める。また、コンゴのマルミミゾウは五十七キロメートルも先まで種子を広める。

わたしは、アフリカで集めた糞虫を点検し、スケッチを描き始めたとき、完璧に仕上がった彼らの独特の形と大きさに感心した。わたしはまず、最大のオオサマダイコクコガネを描いた。これはゾウの糞だけを食べて生きる。この糞虫たちは、飛んでゾウの糞の堆積にやって来ると、不時着し、それから大きな翅を折りたたんでワインレッドー茶色の鞘翅の下にたくし込む。彼らはゆっくりとのし歩き、陸上競技チームの重量挙げ選手のように見える。しかしこれらのミニチュア・ブルドーザーは、地面の中へまっすぐトンネルを掘り下げていく。掘るために、平たく押しつぶされた頭部の前部に四叉のブルドーザーの刃が延長したものがあり、前脛節には、緩くなった土を両側に押し出すためにシャベルのような側方の延長部分がある。後脚は短く、太く、筋肉が詰まっていて、後脛節の先端はそのパワーのすべてを利用するために「トレッド」（タイヤの地面と接触する部分）として作用する。大部分の甲虫のように単一の点になるのではなく、オオサマダイコクコガネの脛節は、何本かの後ろ向きにとがったとげをもつだいたい四角の面を呈し、この甲虫がさかさまに地面を掘り進むとき牽引力を与える。ゾウの糞の堆積の下にトンネルを掘った後、雄はそこで雌に出会い、それから緩い糞を彼女に持って降りるためにトンネルの最上部近くにとどまる。彼女はそれから、産卵場所として、そして自分たちの幼虫の食物として役立つであろう糞玉を一個作る。トンネルを作るいくつかの種では、雄は雌が数個の糞玉を作るのに十分な糞を持って降り、したがって数匹の子が一回の巣作りで生み出される。

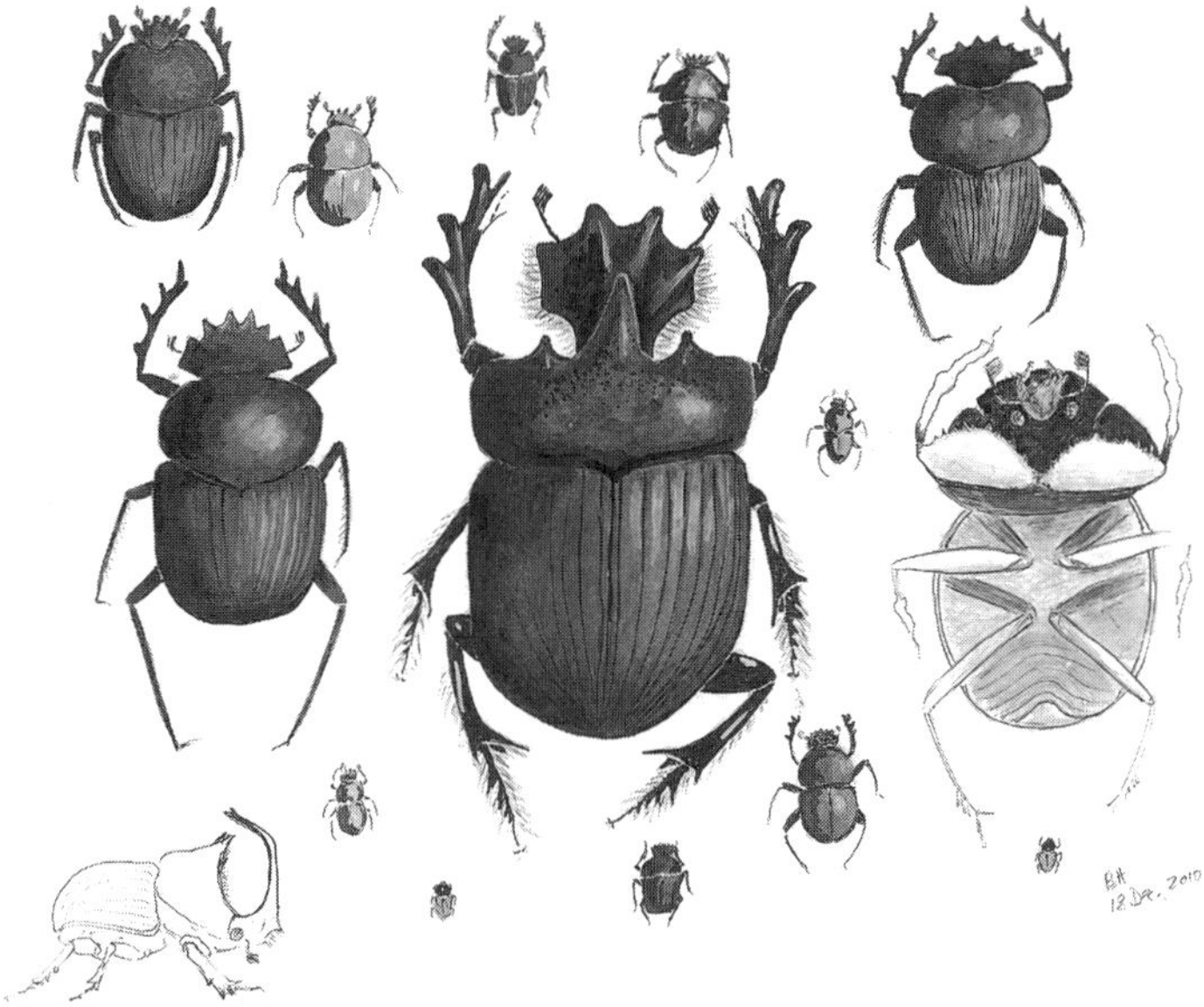

わたしがケニアのツァヴォ国立公園で研究をおこなっていた間にゾウの糞で集めたアフリカの糞虫、ならびに南アフリカの二種類、ケペール・ニグロエネウス（上段右）と、わたしがクルーガー公園で集めた同定されていない糞虫一種（中段右）。中央の大型の甲虫はオオサマダイコクコガネ、その左はスカラベウス・レヴィストリアトゥスである。下段左の小型のものは糞の堆積の中に住む。他の甲虫の多くは糞を転がして持ち去り、オオサマダイコクコガネは自分の糞玉を堆積のすぐ下に埋める。大きいものは黒または茶色で、小さいもののいくつかは金属的な緑色または青色である。

ブルドーザーのように押し進むオオサマダイコクコガネと対照的なのが転がし屋たちである。これらの糞虫はすべてのサイズのものがあるが、すべては糞を落ちた場所から動かし、埋葬に適した場所へと持ち去る能力があり、その場所で彼らはその糞を自分たちのために保存するチャンスを得る。このグループのうち、あのタマオシコガネの一種、スカラベウス・レヴィストリアトゥスは、厚い胸をした、脚の細い長距離ランナーのようである。彼らは、時速三十キロメートルで飛んで来ると、すぐに全力で取り組む。前に述べたように、彼らは夕暮れ時にやって来るが、それはちょうど何千という他の糞虫たちの群集——雲——がやって来る寸前で、その群集の大部分は直接糞の中にめり込む小さな糞虫たちである。このスカラベウス・レヴィストリアトゥスは速くなければならない。なぜなら、糞のための競争が激しいだけでなく、彼らが糞をまとめて引っ張って行く時間が必要だからである。彼らは、地上で糞の堆積のところにいる間、危険な状態である。マングースや鳥たち、たとえばサイチョウやホロホロチョウが、食べられる昆虫を探して糞の堆積を調べるからである。わたしはしばしば、マングースの足跡と大型の甲虫の残骸を見た——柔らかい腹部は食べられて、残りの部分が置き去りにされていた。糞の堆積は、大型動物の死体と同様、好機の場だが、そこには大きなリスクが含まれている。

アフリカでは、わたしたち人類の初期を思い起こさずにいることはむずかしい。ほとんどでためにに、地面の上に糞がないか、糞虫がいないかと観察していたとき、わたしは縁がかけた石と、六インチ（約十五センチメートル）の岩を一個、はがれ落ちたたくさんのざらざらしたかけらとともに見つけた。その岩は、たぶん百五十万年前にさかのぼる握斧（七十六ページのわたしのスケッチを参照）であることがほとんど確実だった。わたしはそれを拾い上げて、今でもまだ畏敬の念をもって保管しているが、それが見かけ通りのもの、つまり獲物の動物や腐肉を切り分けるのにおそらく使われた握斧だと、すっかり信じているわけではない。近くにある岩窟住居の壁に描かれた場面から、わたしは、ここで進化したヒト科動物が、糞虫がゾウの糞玉のところで出くわす状況と似た状況に出くわしたかもしれないと思った。その絵は、細い棒のような人物たちが大きな歩幅で走っているところを描いていた――外観も役割も、彼らは一頭のアンテロープを追いかける「長距離ランナー」だった。これらの初期のヒトは、できるだけすばやく死体から取れるものを横取りして、それから走ったのだろうか。それとも、彼らのスピードは生きた動物を捕まえるときにより重要だったのだろうか。

新鮮なゾウの糞玉は相対的に固いので、一匹のスカラベウス・レヴィストリアトゥスが着地するとき、その最優先事項は、すでに作られた糞玉がないか探して糞の堆積の上をくまなく走り回ることである。盗めば、自分自身の糞玉を作るのに必要な時間とエネルギーの節約になる。しかし、肉体的な強さと機敏さを必要とするどんな競争とも同じように、体（筋肉）温と体サイズはしばしば決め手となる要因である。わたしたちがアフリカで観察した糞虫間の闘争のほとんどはたった数秒続くだけで、敗者と勝者は簡単に区別がついた。敗者は糞玉からはじき落とされた方であり、勝者は糞玉を転がして持ち去った方である。一回一回の闘争の直後に、わたしたちは競争者たちの体重を測り、電子温度計で体温を計測した。驚いたことに、勝者たちは必ずしも最大の糞虫ではなかった。勝者は筋肉温度が最も高い者で、人間の体温よりもセ氏数度高かった。勝者は、脚のスピードが最も速い者たちで、最速の脚のスピードは甲虫では筋肉温度に直接関係している。

わたしたちの足下の地面は赤粘土で、わたしは水筒の水を使って粘土玉を作った。糞虫たちはわたしが粘土玉を新しいゾウの糞につっこむまで、粘土玉を無視したが、粘土玉が糞につっこまれた後、糞虫が作った「本当の」糞玉に対するのと同じくらいすぐに、粘土玉を得るために戦った。これがあまりうまくいったので、バートとわたしは、新しい糞玉が作られるのを待つことなくたくさんの戦いをお膳立てしたのだが、糞虫たちが熱心に次々と粘土玉を取って転がして行ってしまうので、粘土玉を持った糞虫の一匹もつかまえられないほどだった。

体温の高い方の糞虫が糞玉をめぐる競争に勝つために有利であるにもかかわらず、この熱には相当の代償がある。糞虫たちは糞玉を作る間、震えることがあるが、もし糞玉作りにかかる三十分の間ずっと震えているならば、彼らは自分のエネルギーの蓄えによって燃えてしまうかもしれない。彼らは長距離ランナーのようなもので、レースの初めには全力疾走することができるが、終わりにははるかにそれがむずかしくなり、最後には彼らのエネルギーの蓄えは尽きる。したがって糞虫たちは、着陸するとすぐに、糞玉をもった他の糞虫を探し出す。そのとき糞玉はまだ新しく、彼らは飛翔の代謝で温まっていてそれゆえに競争に勝ちやすい状態である。糞玉の作り手たちは、自分の糞玉が取られるのを避けるため、熱いままでいようと試みなければならず、自分の投資を守るために震え続ける。彼らのすべてがそうできるわけではないだろう。

手に入れるべきすでに作られた糞玉がないとき、スカラベウス・レヴィストリアトゥスの転がし屋はすぐに仕事を始め、熊手のような前脛節を使って堆積から少しの糞を引きちぎり、それからその糞をたたいて玉に丸めるが、その間ずっと前足はブンブン音を立てて動いていた。彼らは、飛んで来て体が熱い状態で到着したので、速く動くことができた。運動が熱を生み出し蓄えた。大型糞虫のあるものは体温が最高でカ氏百十三度（セ氏四十五度）にもなったが、これはわたしたちの体温、そしてほとんどの他の哺乳類の体温より約十五度（セ氏約八度）高い。熱いコガネムシは仕事が速く、ふつう、野球のボールほどの大きさの糞玉を五分から十分で作り終えることができた。それから彼らはその糞玉を転がして移動し始めるのだ。

彼らの長く細い脚は、走って糞玉を転がすとき、速く動き、もしまだ体温がカ氏百八度（セ氏約四十二度）くらいあれば、平らな地面で分速十一・四メートルの平均スピードで走ることができた。しかし、もし体温がカ氏九十四度（セ氏約三十四度）であれば、走る速度は分速四・八メートルにすぎなかった。

わたしたち自身、フィールドワークの時間と資金がなくなったが、家に帰った後もわたしは一つの疑問を持ち続けた。競争が少ない場合、スカラベウス・レヴィストリアトゥスはもっとゆっくりしたペースで働き、わざわざ高い体温を維持しないのだろうか。わたしたちは以前、日中に働く一つの種は、競争がほとんどないとき、よりゆっくりと働き、体温はより低いことを発見していた。わたしの疑問に答えるためにも、わたしは大学院生のブレント・イバロンドとジェイムズ・マーデンとともに南アフリカに行った。残念ながら、わたしたちがボツワナ、南アフリカ連合（南アフリカ共和国の旧称）、ジンバブエにいた数週間の間に、スカラベウス・レヴィストリアトゥスは見つからなかった。

ジェイムズは代わりに、すばやく走るゴミムシダマシ科の甲虫の一種を研究した。それは地面の上で雄が六本の脚すべてを使って雌の後ろを走るものである。ブレントとわたしは、タマオシコガネの一種、ケペール・ニグロエネウスを調べた。クルーガー国立公園にいる糞ころがしの一種である。大部分の他の糞ころがしと同様、この種の両親は育児用糞玉一個あたり子を一匹だけもち、それを雌が十二週間くらいの間、地下で世話する。夜行性のスカラベウス・レヴィストリアトゥスと同様、これらの昼行性の糞虫は糞の堆積のところで戦い、ここでも勝者は熱い方である。しかしもしその新鮮な糞の供給源で激しい競争があれば、糞虫たちは別の、もっと混んでいない糞の堆積をさがすために立ち去るか、または小さな糞玉を一個だけ作り、そうして糞玉作りの時間と自分の糞玉が盗まれる機会を減らす。しかし、この戦略の不利な点は、この小さな糞玉が育児用糞玉として役立たつための十分な食物を提供できないことである。それらの糞玉は成虫のための食物としてのみ使われる（雌は、大きな糞玉のところでだけ子を育てることを期待するので、おそらく糞玉の作り手ではなく糞玉を選ぶ）。

わたしのコレクションの中に、不可解だと思う甲虫が一つあった。それは大きく、一般に平たく押しつぶされたような身体をもち、表面的にはタマオシコガネの一種のパキロメラ・フェモラリスのように見えたが、糞玉を転がすことが報告されているその種とはちがって、これは糞玉作りのための解剖学的道具、つまり前脛節と頭部の前部のフランジをいっさいもたなかった。その代わり、前部に鋭いスパイクがちりばめられた大きく発達した前腿節をもっていた。それは「退化した」パキロメラ・フェモラリスのように見え、体の形と構造から、わたしはそれが、マルハナバチの場合のように、密接に関係した宿主に寄生することによって進化してきた種なのではないかと思った。その形から、この種は糞ころがしである状態から、他の種のトンネルに入り、それからおおいに筋肉質の前脚を使って競争相手を自分の育児用糞玉から持ち上げて離すようなものに進化してきたのかもしれないと思う。それは、スカラベウス・レヴィストリアトゥスが競争者たちを新しく作られた糞玉から持ち上げて離すやり方である。

似たような資源を取り入れるための専門化のしかたに大きな多様性があるという点で、糞虫たちは一つの進化の実験室である。最初の糞を食う甲虫たちは、自分たちのための資源があった。すべての者に等しいチャンスがあり、それほどのスピードとスキルは必要なかった。競争が資源をより得にくく保存しにくいものにしてからは、専門家たちが有利だった。そこに最初に到達することは、糞の堆積の宝庫から糞を得るための必勝パターンの一部だった。

ほとんどの甲虫は暖かい気候で飛ぶ者たちである。シデムシはメインとバーモントでは夏の終わりにだけ、そして暖かいときによく見られるのだが、それと同じように、糞虫たちは非常に季節が限られていて、主として熱帯地域に限定されているように見える。わたしはメインでたった二匹の糞虫しか見たことがなく、両方とも腐肉の上にいた。彼らは主な食物源、つまりバイソンの糞がなくなるのと一緒に絶滅したが、ウシがそれらの草食動物に取って代わって、今ではウシやシカやムースの糞に糞虫はいないと推測する人もいる。対照的に、アフリカの同等のウシ科動物とアンテロープの糞は、雨期に糞虫によってほとんど即座に使い尽くされる。北ヨーロッパでは、祖先のウシ科動物たちは絶滅してウシに置き換わっていて、糞の塊に糞虫の群れはいない――少なくとも、わたしがスイスアルプスで牛飼いとして働いた二〇一一年八月の二週間の間に、一匹の糞虫も見なかった。オーストラリアはまた別のシナリオを見せてくれる。ここには熱帯気候があるが、きわめて最近の時代まで定住するウシ科動物は存在せず、きわめて最近になってウシがヨーロッパ人によって導入された。

糞虫たちの仕事は生態学的な重要性がある。それは土壌を肥沃にし、土壌に通気して、病原体が広がるのを遅らせる。しかし、さまざまなタイプの糞虫は、さまざまな季節と生息場所で特異的な種類の糞を扱うように適応している。生態系における彼らのそれぞれの特異的な役割は特定するのがむずかしい。なぜなら彼らを取り除くことによって実験できないからである。しかしながら、オーストラリアでおこなわれたほとんど大陸全土にわたるある「実験」は、多くの疑問に答えてくれた。オーストラリアの昆虫学者で生態学者のジョージ・ボルネミッサは、ハンガリー生まれで、子どものときにそこで甲虫を集めた。オーストリアのインスブルック大学でPhDを取得した後、彼は移住しウェスタン・オーストラリア大学の動物学部に加わった。自分が生まれ育ったヨーロッパとオーストラリアを比べて、彼が気がついた最初の大きなちがいの一つは、ウシが草を食べている場所の地面を覆う多数の糞の塊だった。それを彼はヨーロッパで見たことがなく、ヨーロッパでは糞は、北では湿度の高い気候のために、南では甲虫のために、腐敗していた。彼は、オーストラリア原産の甲虫たちはウシの糞を扱うように適応していないことに気がついた。彼はそれゆえに、この仕事をすることができる甲虫たちを輸入することを提案し、二十年にわたる研究、オーストラリア糞虫プロジェクトを開始した。この研究のために、彼は二〇〇一年にオーストラリア勲章を受賞することになる。

ボルネミッサは、オーストラリア連邦科学産業研究機構（CSIRO）の援助を受けて、オーストラリアの牛糞問題を解決するための最適な糞虫の種を三十二の国々で探した。牛糞問題は実際、深刻な問題で、二つの理由があった。一つ目は、牛糞はがさがさに乾いて地面の上に残る傾向があり、時が経てば牧草地を減少させることである。二つ目は、牛糞は非常にやっかいなイエバエの一種、ブッシュフライのための理想的な繁殖場所であることである。もしボルネミッサが、オーストラリアの気候に耐え、糞をリサイクルするような糞虫を見つけることができれば、それは一挙に二つの大きな問題を解決することになるだろう。

外来種を導入することはいつも潜在的に危険を伴うので、ボルネッミッサが試験的に使ってみたかった糞虫すべては、有害生物になるかもしれない寄生生物を持っていないことを確かめるために、隔離して飼育しなければならなかった。五十五種の糞虫がオーストラリアに導入され、それらは実証された成功例となってきた。それらは今では土壌の健康を増進させることによって牧草地を守っている。クィーンズランド糞虫プロジェクトの最終報告は、糞虫たちは「疑いなく年間何百万ドルもの価値がある」と結論づけている。やっかいなブッシュフライは減ってきて、「オーストラリアのあいさつ」、つまりオーストラリア人がハエを追い払うために代々使ってきた手で打ち払うしぐさは、「消滅しつつあるしぐさ」になっているほどである。

ボルネミッサは今はタスマニアに移動していて、そこで彼とカリル・マイケルズは、森林伐採と伐採の切りくずの焼却の影響を重点的に研究してきた。伐採の切りくずの焼却は、腐りかけた木材の中で繁殖する甲虫たちの大きな減少につながってきた。それらの木に穴をあける甲虫たちの一つは、今では絶滅の危機にあるが、彼にちなんでホプロゴヌス・ボルネミッサイ（カタハリクワガタの一種）と名付けられている。

糞虫たちは、ほとんどどんな種類の糞も扱える多様性と能力があるにもかかわらず、新鮮な物だけを扱うという点で、たくさんの葬儀屋甲虫と同様である。熱帯の乾期にいつも起こるように、ひとたび糞がカラカラに乾いてしまったら、糞虫たちは仕事をやめる。彼らはふつうは雨期に活発で、その時期に彼らは土にもぐることができる。彼らの子どもたちは乾期に地下で発育し、彼らが再び現れるためのシグナルは季節の雨で、その雨は土壌を柔らかくする。その間に落とされたすべての糞は、地面の上に残されるだろう――もしシロアリがいなければ。

ゾウの糞は、わたしが見て、臭いをかいで、触ってみたことのあるどの他の糞に比べても非常にきめが粗い。それは、ゾウたちが若いジューシーな草の芽だけを食べるわけではないからである。彼らは灌木の茂み全体を食べる。それらを消化した結果は、湿ったおがくずのような硬さの物であるかもしれない。実際、数千匹の糞虫が一晩中かかって一つの堆積を略奪しつくすまで、いかにそれがきめが粗いものか、わからないだろう。朝までに糞虫たちは仕事を終え、残っているのは一ヤード（約九十センチメートル）幅ほどの繊維質のフラスの薄いマットだけである。しかしこの木質の材料が乾ききると、シロアリのための完璧な飼葉になる。

シロアリは大昔のゴキブリから進化したが、大昔のゴキブリは、腐りかけた木材を食べ、細菌と原生動物を消化管に取り込んで、そうでなければ栄養にならないセルロースを消化するのを助けた。大きな丸太の中に身を隠して、シロアリはゆっくり食べることができた。子孫のために豊富な食物があるので、成虫たちは家にとどまることができた。より多くの木材を食べることは彼らの家を拡大することにすぎず、その家は彼らが自分の糞をリサイクルすることによって作る。だから、住人が多くなればなるほど、陽気になる。混み合っているが保護された存在として生きて、シロアリは約三億年前までにゴキブリのような祖先から進化していた。

親戚のゴキブリたちよりももっと、シロアリは生涯の大部分の間、光を避ける。彼らは家から一回だけ飛び出し、配偶者をさがして家族を作り、その家族は何百万匹ものコロニーになるかもしれない。しかし平均して、一つの新しいコロニーは一つの古いコロニーを置き換えるだけで、それぞれのコロニーは繁殖雌が一匹だけいる。したがって、各コロニーは何百万匹もの雄と雌を送り出すので、成功する繁殖（子孫を育てることを意味する）は宝くじのようなものである。つまり、もし百万匹の雌のうち一匹だけが成功するなら、九十九万九千九百九十九匹が必然的に失敗するのである。コロニーの住人のほとんどは、全生涯を彼らの温度と湿度が調節された家の中または近くにとどまる。えさを採るために、彼らは、トンネルの形をした長い家の延長部分を建設する。彼らの燃料――木材からのセルロース——は安くて豊富である。
シロアリの主な潜在的汚染物質は彼らの糞で、セルロースを消化した後に残される木材に由来する消化できないリグニンを含む。しかし、彼らが家とトンネルのための建設材料としてリサイクルするのは、これ、つまり自分自身の糞である。わたしは、しかし、シロアリの糞は何か他の成分（一つ以上）を含んでいるのではないかと思う。なぜなら、彼らが作るその建設材料は注目に値するものだからで、それはわたしが最近、スリナムの熱帯ジャングルからシロアリの巣の断片を持ち帰ったときに見つけたとおりである。その材料はプラスティックのコンシステンシー（稠性）をもち、驚いたことにまったく水に溶けなかった。このプラスティック様の材料はこれまであまり深く研究されていないが、わたしはこの材料は、製造されたプラスティックに見いだされる毒、たとえば性ホルモンによく似た物質（内分泌撹乱物質）を含まないことがわかるのではないかと思う。このシロアリの進化で検証された産物は、わたしたちが発明してきたものを代替するかもしれず、それはまたリグニンも使い尽くすだろう。リグニンはわたしたちにとっては、木材からきわめて有用なセルロースを抽出する際の廃棄物である。

IV

水中の死

陸上動物として、わたしたちは無意識に葬儀屋の仕事を埋葬と結びつけるが、埋葬は、ふつうは住んでいる場所で、大地に根を下ろすことを意味する。しかし地球のほとんどは大洋で覆われ、そこで動物たちは、住んでいた場所から遠く離れて死ぬかもしれない。クジラの死体のような大きな死体は、冷たく暗い深海まで何マイルも沈んでいくかもしれない。サケは生涯のほとんどを大洋で生きるかもしれないが、彼らは内陸にやって来て淡水中で死んで沈み、彼らのリサイクリングの主な結果は陸上にあって、彼らが住んでいた海中にあるのではない。水中の死は陸上の死と似たような原則を含むが、それらの原則はちがったやり方で適用される。それらは、どのように生命が適応するかの例を示し、わたしたちに最もなじみの深い世界と異なるさまざまな世界の一端を見せてくれる。

サケの死から生へ

アラスカのカトマイ国立公園に隣接するマクニール川では、一連の浅い滝のところで、六月に産卵するために遡上するベニザケと、七月、八月に産卵するために遡上するサケが、ハイイログマたちの手厳しい攻撃にあう。これらのハイイログマは、世界最大のクマで、体重は最も重いもので千五百ポンド（約六百八十キログラム）になる。ラリー・オーミラーはマクニール・サンクチュアリー（野生動物保護区）を管理している者だが、主に彼のおかげで、ここに来るための抽選に当たった人々は、数フィート（一フィート＝約三十センチメートル）以内の距離でこのクマたちを見ることができる。その人々は、防壁などで保護されていない状態でクマたちをながめ、銃を携えることは認められていない。だれもこれまでに攻撃されたことはない。なぜならこのクマたちは人に慣れてきていて、人々の存在によって怒ることはないからである。それに、わたしは人間よりもサケのほうがおそらく味が良いのではないかと思う。少なくともこれらのハイイログマが知る限りでは。

通常は単独のクマたちはマクニール川の滝のところに集まる。魚をつかまえるために陣取ることができるような場所に水が注ぎこむからである。サケはそのときまでに北太平洋で二年か三年の間、成長してきている。二十頭から六十八頭の巨大なクマがこれらの滝に一時に来るかもしれない。彼らの大きなサイズは、この豊かなサケの食事にありつけることによる。良いサケが遡上する間、彼らはあまりにも満腹になるので身を食べなくなり、その代わりに皮を剥いでサケの生殖腺だけを食べる。生殖腺は卵や白子でふくれている。彼らはサケの脳も食べるかもしれない。脳は脂肪含量が高いので、もう一つの珍味である。秋に冬眠するときまでに、彼らは数百ポンド（一ポンド＝約四百五十四グラム）の脂肪を身につけているだろう。

食べられなかったサケは「無駄」になると思うかもしれない。しかし生態系の観点からは、クマたちの選り好みする食べ方は他の動物たちに食物を提供する。クマたちが宴会をする場所ではどこでも、つまりサケが捕まるマクニール滝でも他の場所でも、腐食者たちが残り物を取るためにそこにいる。この場合、サケの食べ残りをおおいに楽しむ腐食者はカモメの群れである。

さまざまな種のサケがアラスカの川とアメリカ西海岸の多くの他の川を遡上する。それらのほとんどにとって、川を遡る戦いは片道の旅である。何年か前に彼らは同じ川を下り、それから大洋で成魚になるまで成長する。彼らは故郷に帰って繁殖し、それから死ぬ。実際、彼らが故郷の川の淡水に入ってまもなく、ホルモンが働き始めて彼らの生理を変え、ベニザケの場合は外観も変える。戻って来たベニザケは大きな顎と背中のこぶを発達させ、鮮やかな赤に変わる。産卵後、彼らはとつぜんの、生理学的に促進される老化を経験する。彼らの組織はほとんど文字通り溶解し、彼らは生まれた所で死ぬ。外観の変化は性淘汰に関係しているかもしれない。なぜなら多くの他の魚も繁殖期に外観を変えるからである。多くの鳥がするのと同様である。しかし、彼らの一見して早すぎる死は、「最適者の生存」という進化の原則に基づいて説明することがもっとむずかしい。

　人間の基準と、いわゆる最適者の生存というわたしたちの標準的な（単純化された）考えによれば、前倒しするように死を急ぐことはあるはずがないといえるかもしれない。しかしながら、最も進化的な論理によれば、繁殖後に生き続けることは意味がない。実際、人間の進化の歴史のこの時点で、わたしたちの遺伝子は、平均して、わたしたちの死に貢献していると仮定してもよい。なぜなら、わたしたちは一つの種として、有害な遺伝子突然変異を除去する自然淘汰をほとんどまたは全く受けずに、いっそう多くのそのような遺伝子突然変異をたえず集めているからである。わたしたちが長生きになればなるほど、医療費は上がり続けるだろう。しかし、厳密に唯物論的な解釈によってさえ、わたしたち人間は、単にわたしたちの遺伝子だけよりもはるかに多くのものを将来の世代に与える。わたしたちは社会的存在として、生存し繁栄するためにスキルを必要とするような複雑な世界に生きているが、この将来世代への寄与はそれ自体が、そのような存在としてのわたしたちのゲノムの一部である。この解釈の根拠は、わたしたちの長寿にある。わたしたちの長い更年期後の生涯は、年老いた人々が、老ゾウと同じように、経験と知識を自分の子孫に伝えて子孫が生存し繁栄するのを助けることができるゆえに、適応的であると正当化されうる。わたしには、サケの一見して早すぎる死についても同じような議論ができるように見える——後で説明するように、それは将来世代に寄与する間接的なゲノム上のメカニズムだという議論である。

何千マイル（一マイル＝約一・六キロメートル）とはいわないまでも、たぶん何百マイルも上流へ泳いで産卵した後に、一匹のサケが海へ戻る旅を生き延び、もう一年生きて、産卵するためにまた上流へ戻ってくる旅をする可能性は、小さなものにすぎない。それゆえに、きわめて不確かな未来のために何かを「節約する」よりは、今持っているものをすべて使うほうがよさそうだ。そして、何か想像できるような重要なちがいを生じる唯一の寄与は、そのサケの一回の繁殖努力が最大になることを保証することである。これはそれ自体で、将来の生活のための投資がないことを説明するだろうが、何が結局、ゆるやかに進む終末すなわち幇助されない終末ではなく自殺になるのかを説明するだろうか。

動物たちは自分の傷を修復し、食べられるのを避けるように強い淘汰圧を受けてきたことを考慮すると、なぜそれらのサケが文字通り降参して、彼らがしなければならないとわたしたちが推測するよりずっと前に、自分自身を捕食者／腐食者に差し出すのだろうか、とふしぎに思うかもしれない。なぜ、サケの海へ行き戻ってくる回遊は一回目とは対照的に二回目がむずかしくなければならないのか。何百匹のうちのたった一匹が一回目をやり遂げるかもしれないなら、なぜ二回目をやり遂げるわずかのチャンスが許されることがもっと少なくなければいけないのか。重要なポイントは、サケがおそらく産卵後にえさを食べ、少なくとも潜在的にはもう一回やってみるために回復することができたかもしれないことである。しかし彼らはしない。その代わり、彼らの行動、要するに飢餓状態になることには、二つの効果がある。なぜならそれは、彼らがどこかの時点で疲れきることを保証するからである。しかし、それはまた、彼らが自分自身の、あるいは他の魚の卵や子を食べないことを確実にする。わたしは二番目の効果が主要な淘汰圧だと思う。自ら課した死は自分の子の生存を助ける。この魚は自分の生まれ故郷の川と、自分が生まれた特定の場所に戻って行くことを思い出していただきたい。この場所は、彼らの子も結局は戻って行くであろう場所であり、彼らの親戚たちがいる場所である。そしてもし自分の子と親戚を食べないことが十分な淘汰圧でないなら、別の、もっと間接的な効果が自分たち自身を差し出すことの淘汰上の利益を高めるかもしれず、少なくともそれを減じないだろう。すなわち、これ、つまり彼らの身体が大量に流入することが、彼らの生態系を作り出し維持するのを助けるのである。わたしが今提案しているシナリオに対する反対意見はこうである。つまり、ハラキリをしない「詐欺師」の魚は、潜在的に、自分を差し出す者たちのために選ばれてそれに取って代わり、その集団の利益になる可能性があったかもしれない、というのである。サケの場合、これは起きなかった。

　前に述べたように、サケのあるものは、産卵場所に上ってくる途中で捕食者に食われるが、大部分はそれらの産卵場所で食われる。何千匹、そし全体として何百万匹という身体の毎年の大量死は、マクニール川の滝で見られるような、何よりも大きなえさの宝庫を作り出す。西海岸を上がってアラスカまで入ってくるヒグマたちは、死んだサケ、死にかけたサケを、カモメ、ハクトウワシ、ワタリガラス、カワウソ、カラス、カササギ、カケス、アライグマたちとともにおおいに楽しむ。これらの死体をあさる動物たちは、クマが伝統的に森の中でするのと同じことをし、それゆえサケは、窒素、リン、他の栄養素を海洋から川と周囲の森林へと持ち込む「宅配小包」である。窒素の利用可能性は木の成長において一つの制限因子なので、サケは大きなクマを作るだけでなく、大きな木を作るのも助ける。お返しに、木々の根は、よく降る大雨の水分を保持し、流域と、たぶん産卵に必要な条件も「作る」。

サケの勇壮な回遊と彼らの産卵はいつもわたしたちを魅了してきたし、世界中の人々の生活は彼らに依存してきた。彼らがもし自然の中の最も高度に進化した死から生へのサイクルとして見られるなら、どれだけ彼らの魅力が増すだろうかと思う。

他のいろいろな世界

一九七〇年、一頭のマッコウクジラの死体が、オレゴン州のフローレンス近くの海岸に打ち上げられた。オレゴン州ハイウェイ課の役人たちは、アメリカ合衆国海軍と相談しながら、そのような巨大な死体が一年かそれ以上もの間に生み出すであろう耐えられない悪臭を心配し、まず何をすべきかについて途方にくれていた。彼らは、その死体を解体して、腐食性動物たちによって除去されやすくしようと決めた。これを成し遂げるために、彼らはクジラを二十ケース（五十トン）のダイナマイトで取り囲んだ。導火線に点火された直後、クジラの脂肪の大きな塊が豪雨のように八百フィート（約二百四十四メートル）四方に降り注ぎ、塊の一つは四分の一マイル（約四百メートル）先の一台の自動車を直撃した。これらの結果は、興味深いことに、事前に十分に予期されていなかった。

別の一頭の標準的なマッコウクジラ（六十トン）も、二〇〇四年一月、台湾の台南市の浜に乗り上げて、大きなニュースになった。このクジラはトラックに載せられてある大学に運ばれ、解剖されるところだった。しかしトラックが大学に着いたとき、許可が与えられなかった。その後、この死体を処分するために野生動物保護区に向かう途中、トラックは台南の中心部を走っていたが、車の多い路上で、内部の分解で発生したガスが原因でクジラが爆発した。吐き気を催させるようなガスに加えて、内臓と血のシャワーが店や人々の上に降り注ぎ、群衆は散らばろうとしたものの、この混乱は何時間も交通を妨げた。

これらの過ちは、二〇〇七年に別のクジラの死体（七十トン）がカリフォルニア州のベントゥーラの浜辺に打ち上げられたときにはくり返されなかった。この死体は大勢の人を引きつけたが、ベントゥーラ郡公園局は、死体をダイナマイトで破砕するよりは、ブルドーザー数台で砂に十五フィート（約四・五メートル）の深さの穴を掘らせた。しかし、そのクジラはすでにパンクしていたかもしれない。それは（そのとき近くにいたもう一頭のクジラと一緒に）サンタ・バーバラ海峡の混み合った航路で起きた衝突で死亡していたらしいからである。残念ながら、死体のまわりのほとんどの砂は洗い流された。油と腐りかけた肉が漏れ出し、近くの浜辺は人の住めないものになった。

洪積世初期とそれ以前に、クジラの死体がどのように処理されていたのか、わからない。しかし陸に乗り上げることはまれで、腐食性動物の専門家たちはおそらく陸上のクジラの死体を扱うように特異的に進化してこなかっただろう——ちょうどわたしたち人間がこの状況にふさわしい計画を編み出していないのと同様に。打ち上げられたクジラがいれば、たまたま近くにいたダイアウルフ、コンドル、そしてたぶんアメリカライオンやスミロドンによって日和見的に使われていただろう。

クジラのリサイクリングの自然のプロセスは、おそらく水面の近くで始まる。わたしたちはあるクジラの自然の死がどんなものかほとんど知らないが、こんなものかもしれないというシナリオを想像することはできる。たぶんそのクジラは老齢から弱って、その後溺死する。わたしが思うに、弱ったクジラがいれば簡単にシャチたち（英語でキラー・ホウェイルすなわち殺し屋クジラ）のえじきになるかもしれず、シャチたちはそのクジラの死を早める。シャチたちが欲しい分だけ取った後、血は大型のサメ、たとえばホホジロザメを引きつけるだろうし、さまざまな小型のサメは新鮮な肉に群がって来るだろう。そのクジラの体腔は破られ、内臓は取り去られ、肺はしぼんでいるだろう。それから何が起こるだろうか。

クジラの死体は沈み始め、暗く冷たい水の冥界を漂っていく。そこには上から降りてくる贈り物だけを食べて生きることに専門化した生き物たちの集まりが住んでいる。これらの生き物は、わたしたちがよく知っているものとはちがうふうに作られているので、奇妙に見える。魚のあるものは発光器官をもっている。たとえばぴんと張った竿からぶら下がるちょうちんに似たものもある。ある魚は自分の身体より大きい口をもっていて、巨大な歯がある。自分の肉に埋め込まれた寄生動物のような小さな雄を運び回る雌もいる。配偶者に出会うむずかしさを埋め合わせる適応である——配偶者に出会うことは、光の世界でわたしたちが当たり前だと思っていることである。

しかしこれらの生き物は、漂い落ちてくる天の恵みのすべてを捕まえるわけではない。クジラのある部分は海底までずっと漂い続ける。百五十メートルより深い水深では、光合成は起こり得ないので、動物たちだけが深い水深に存在する。植物は存在しない。そこで生き延びるように適応した動物たちは、上から降りてくる贈り物を食べて生きるか、互いに捕まえて食べるか、どちらかである。多くのものは透明である。この深い水の世界で光はわたしたちには見えないだろうが、その動物たちのあるものは目が拡大されており、とくによく発達している。いくらかの視力をもつ者は、目がよく見えずに自分たちの上を泳ぐ動物たちをより簡単に捕食することができる。さらに深く降りると、そこでは上からの光は皆無で、わたしたちが物体から反射される光で見るように像を見ることはどんな動物もできず、動物たちは自分自身の光を発生させる。獲物の動物たちはどう考えても見られ「たく」はないが、潜在的な配偶者に見つけてもらうために見えることが必要かもしれない。日光が届かないような深さでは、さまざまな意味をもつ青色光が点滅したり柔らかく輝いたりするライトショーが続く。（たぶん）配偶者を引きつけたり、獲物をおびき寄せたり、潜在的な捕食者にフェイントをかけたりするのだろう。あるカイアシ類の動物は、自分の発光物質（細菌？）を水中に放出して自分の居場所を隠すのが観察されているが、これはある種のタコが墨を噴出して自分を隠すのと同じである。これは「大食いウナギ」の世界で、このウナギは水中に漂って長い尾を向けて、漂流している食べられる残骸や泳いでいる動物に接触する。それは、自分と同じ大きさの動物を飲み込めるほど大きな口をもっている。四十メートルの長さの一つの群生クラゲは、漂流している食物粒子に接触するための十分な表面積をもっている。ここに住むのはオニキンメで、ファングトゥース（牙のような歯）という英語名にふさわしい異様な魚である。この魚は非常にゆっくり動き、身体から伸びる感覚繊維を使って、接触または水のかすかな動きによって暗闇で近くの物体を感知する。

最終的に、あのクジラは、見知らぬ暗い世界を何マイル（一マイル＝約一・六キロメートル）も沈んだ後、海底で休むことになる。ここでは温度は氷点に近いので、動物の身体は潜在的にこの冷蔵庫の中で永遠に積み重なる可能性があった。しかしクジラたちは、約五千四百万年から三千四百万年前の始新世以来、それとわかる形で地球上に存在してきて、この時間のすべてを通じて彼らはリサイクルされてきたはずであり、そうでなければ大洋は今では縁までクジラたちの冷たい死体でいっぱいになっているだろう。クジラの死体のような大量の食物の宝庫は、何百万年にもわたって大洋の海底に漂い降りてきて、おそらく専門化した腐食性動物のお伴がそれらを利用するよう進化することを促した。最近まで、それらの腐食性動物がだれなのか、あるいはどのように彼らが世界最大の哺乳類をリサイクルするのか、わたしたちは思いつかなかった。

大洋のさまざまな生態系のほとんどは、海面で捕らえられた太陽エネルギーに最終的に依存している。しかし過去数十年に、生命にとって他の可能性を示唆するような二つの新しい生態系が発見されてきた。今わかっているのは、海溝の深いところで、煙を吹き出す煙突のような噴出口が、カ氏四百度（セ氏約二百四度）に熱せられていて硫化水素（腐った卵の臭いとしてわたしたちになじみのある）を含む水を吐き出し、ある種の細菌はこの化学物質をエネルギー源として利用できることである。この深海の生態系では、生命は光合成よりもむしろ化学合成によって動く。エビや他の生物たちは、アンテロープが草を食べるのと同じように細菌の塊を食べる。これらの細菌のあるものもまた、動物細胞と共生して生きるように進化してきた。これは、葉緑体が細胞と共生して生きる藻類から進化したやり方、細菌がミトコンドリアに進化して、動物たちが植物または植物を食べる者だけを食べて生きることを可能にしたやり方と似ている。この最近発見された「喫煙者たち」の生態系では、硫化物を食べる細菌がながむし状の虫、二枚貝、カニ、そして潜在的にもっとたくさんの生物たちを養う。二つ目の新しく発見された海底生態系は、「冷たい水たまり」から発生するメタンガスによって養われている。このメタンはまず、他の生物たちと共生して生き、彼らからあさった炭素化合物を常食とする細菌によって捕獲される。

これらの二つの生態系以外に独特の三つ目の生態系がある。それは死んだクジラに依存している。何百マイル（一マイル＝約一・六キロメートル）も川を遡って死ぬサケと同じように、それらのクジラは別の生態系、つまり大洋の最上層からやってくる。この大洋の最上層は光合成によって動く。

二千メートルより下の深度では、遊離の酸素はほとんど存在せず、温度はカ氏三十度から三十六度（セ氏マイナス約一度からプラス二度）である。このような条件では、わたしたちが知っているような細菌による腐敗は、存在しないかまたは非常にゆっくり起こる。この点は、潜水可能な船アルヴィン号による意図されない実験で証明された。アルヴィン号は一九六四年に建造され、ウッズ・ホール海洋研究所によって運転された船で、二人の科学者を同時に深海へ連れて行く。一九六八年十月、アルヴィン号が一隻の船によって輸送されている間に、鋼鉄のケーブルが切れて、この潜水可能な船は千五百メートル沈んだ。アルヴィン号が十か月後に回収されたとき、中に残されていたチーズサンドウィッチは見たところ変わっていなかったので、だれかがそれを食べることができた。そのような条件で、どうやって百六十トンのシロナガスクジラの死体が処理されるだろうか。

回収された後、アルヴィン号は再建されて、一九七七年以来、何百回という潜水を行い、わたしたちの知識を前進させてくれている。とくに中央海嶺にある深い熱水噴出孔の数々についての知識である。一九八七年十一月、ハワイ大学の海洋学者、クレイグ・スミスは、アルヴィン号の通常の任務についていて、走査音波探知機を使って、深度千二百四十メートルの太平洋のサンタ・カタリナ海盆の泥のような海底を探査していたが、そのとき彼は一頭の化石になった恐竜を見ていると思った。そうではなく、それはシロナガスクジラの長さ二十一メートルの骨格であることが判明した。乗員たちは、それが細菌と二枚貝の層で包まれているのを見て驚いた。この目撃例が、現在も「クジラ落下物」(whale falls) とよばれるものの研究の始まりだった。その最初の発見以来、他のクジラ落下物が発見されていて、いくつかのものは科学者が腐食者たちの前進を調べられるように意図的に作り出されてきた。現在おこなわれている観察と研究は、クジラの死体の上にたくさんの専門家葬儀屋がいることを示してくれる。中には以前は知られていなかった動物種もある。

今では、あの低い温度にもかかわらず、クジラの肉は、死体がまず海底に沈んだ後、次々にやってくる動く腐食者たちによってかなりすばやく消費されることがわかっている。大型でゆっくり動くオンデンザメは、非常に深い深度で生きることができるが、それらがたくさんやって来て、その後にウナギ様のヌタウナギの群れがやって来て、クジラの肉の中にもぐっていくらかの栄養物を皮膚を通して直接吸収する。ソコダラ、ストーンクラブ、そして何百万という端脚類（横に押しつぶされた身体をもつ小さな甲殻類）も宴会に加わる。採餌のこの段階は数か月または一年で完了するが、非常に大きなクジラでは二年かかることもある。骨は、かさが大きいことで利用されにくくなっているため、リサイクルされるのに最も長い時間がかかる。ハーマン・メルヴィルは、『白鯨』の中で、九十トンのマッコウクジラの巨大な四十本余の脊椎を「ゴシックの尖塔」として生き生きと描いている。最大の椎骨は「幅が三フィート（約九十センチメートル）弱、奥行きが四フィート（約百二十センチメートル）以上あった」。

軟組織が食べられた後、一層の細菌が骨にコロニーを作り、カサガイと巻貝がそれを食べる。クジラの死体は、多毛類の虫たちの密集した層にも取り囲まれるようになる。一匹一匹は五センチメートルほどの長さで、表面的にはムカデに似ている。この虫たちは一平方メートルあたり最高四万匹の密度で死体全体を覆う。彼らは取れるものはすべて取り、彼らが去った後にたくさんの他の種が移動してくる。これらの種は主に骨の内部の脂肪の中に残っている栄養物で育つ。細菌はこの脂肪を酸素がない条件で分解し、二酸化硫黄を副産物として作り出す。これが今度は、化学合成生物の合成（熱水噴出孔でのように）を使って有機分子を作り出す。植物が光合成を通じて二酸化炭素を固定するのと同じである。日光で動く生態系でのように、クジラ落下物の動物群集は化学合成生産者だけを食べて生きる。それらのあるものは他の生物の身体内部で生きているが、ちょうど葉緑体（古い藻類の共生者に由来）が植物の中で生きるのと同様である。ある種の二枚貝とチューブワームは、体内に含む化学合成細菌が直接自分の体内で有機分子を生産するので、腸を必要としない。小さなオセダクス属の「ゾンビワーム」〔オセダクス（*Osedax*）はラテン語で「骨を貪り食う者」を意味する〕は、やはり消化管をもたず、骨にトンネルを掘って共生細菌が脂肪を食べられるようにするが、その脂肪はその虫たちが体内に吸収する。

四百種以上の底生生物のマクロファウナ（このカテゴリーは細菌を含まない）がクジラ落下物で同定されており、少なくとも百種がどの一つの死体にもいる。たくさんの種類の何万という個々の動物たちが、どの時点でも、一つの骨格を分解する仕事についているかもしれない。この段階は十年続くことがあり、そのクジラの分解が完了するまでに百年近くかかるかもしれないと考える人もいる。

一頭のクジラ落下物は、種の豊富な一つの島のようである。その島は、入植者たちがどこからともなく現れるという意味で、まだ知られていない手段で占領される。クジラ落下物は専門家たちを収容する生息場所である。そこは種の多様性のホットスポットであると同時に進化的新奇性の場所である。十九世紀と二十世紀の過剰な狩猟によるクジラ個体群の大規模な減少は、これらの一時的な生命の「島々」をたしかに遠く引き離してきた。それらの島々は入植者たちの手の届く範囲を超えるまでにどれほど遠く離れることができるのだろうかと思うかもしれない。その範囲を超えたら、入植者たちは死に絶えるだろう。

巨大なクジラの死体の運命は、彼らに専門化した葬儀屋たちとともにあり、微小な海洋プランクトンの身体の骨格残骸の運命とあざやかな対照をなす。それらもやはり海底まで漂い降りる。ほとんどの生物と同様、クジラたちはふつう分子のレベルまでリサイクルされ、それで彼らは新しい生物学的生命に帰る。しかしある種の海洋プランクトンの場合は、死の後に持続するのは驚くほど重要な地質学的構成要素で、大陸の輪郭と地質と土壌を形作り、それゆえにその上に成長するものを形作り、そしてまた地球の大気を決定し、それゆえに地球の温度と地球が支えることのできる生命を決定する。莫大な量となって、これらの海洋プランクトンの集合体の大きさはいつでもクジラすべての集合体の大きさをはるかに超える。最も重要な現在のプランクトンは、最初のクジラのような動物が海を行ったり来たりする何億年も前に同じ形ですでに存在した。これらのプランクトンの不死の残骸は、白亜とそれに由来する石である。

白亜の物語は、よく知られているように、一八六八年にトーマス・ヘンリー・ハクスリーによって最初に明らかにされた。トーマス・ヘンリー・ハクスリーはイギリスの博物学者で、チャールズ・ダーウィンの自然淘汰説を勢力的に擁護したため、おそらく「ダーウィンの番犬」として最もよく知られている。「ノーウィッチの働く男たち」を対象におこなわれた「一かけらの白亜について」という講演のなかで、ハクスリーは、白亜を加熱すると炭酸の蒸発を引き起こし、石灰を生み出すことを示した。それなら白亜は石灰の炭酸塩で、鍾乳石と石筍と同じ物質である。ハクスリーは白亜の薄片を顕微鏡で調べ、それが白い化学物質以上のものであることを発見した。現れたのは、「何十万ものの……

死骸がぎっしりと密集したもの」だった。

これらの死骸は、直径が約百分の一インチ（約〇・三ミリメートル）で、さまざまな形をしている。最も一般的なものは、「下手に育ったラズベリー」のように見え、いろいろなサイズのほぼ球形の室がいくつも一緒に集まったものからなる。一部の白亜は、これらの微化石とほとんど変わらないもの、つまり、単細胞の、海だけに住む原生動物、グロビゲリナの石灰質の骨格が非常に密集した塊からなっている。グロビゲリナは白亜の最も優勢な属の一つである。一億年以上経つ白亜にはこの属の約四百種が存在し、これらのうち三十種は今でもわたしたちの大洋で生きている。

一八五三年、大西洋横断電話ケーブルが敷設されつつあるとき、海底の最初のサンプルが回収された。約一万フィート（約三千メートル）の深さからだった。海底からさらわれた泥は、顕微鏡で調べると、ほぼ全体が今でも存在するグロビゲリナの骨格からなっていることがわかった。それに加えて、コッコスファエラとよばれる丸い、単細胞の植物プランクトン藻類の炭酸カルシウム骨格もあった。これは、より一般的にはコッコリス（円石）として知られている。要するに、大西洋の泥は、何千平方マイル（千平方マイル＝約二千五百九十平方キロメートル）もの広大な平野に広がるもので、生の白亜である。

トーマス・ハクスリーは、海底の泥を調べているときに単細胞の植物プランクトンを見た最初の人として名前があげられる。一つの非常に重要な種、エミリアニア・フクスレイ *Emiliania huxleyi*（短くしてイーハクス Ehux）は彼にちなんで名付けられ、この種は大洋の断然優勢なコッコリスである。

それは、海の数万から数十万平方キロメートルを覆うブルーム（水の華）を作り出し、海に宇宙から見える鮮やかなトルコブルーの色を与える。白亜紀後期に、広がりつつある大陸プレートからの熱いマグマが大規模な火山の噴火と温室効果ガスを作り出したとき、地球の温度は上昇し、氷冠を溶かし、海面水位は上昇して諸大陸を現在の水準より六百メートル余り高くまで水浸しにした。イーハクスはそのとき、地球温暖化を減少させるのを助けたかもしれない。現代の地球温暖化におけるイーハクスの役割は、現在、議論されているところである。これらの藻類のブルームは光と熱を反射し、また大気から二酸化炭素を除いて、海底に沈んで積もるような炭酸カルシウムの板を作り出すからである。イーハクスはこれまで、推定できないほどの量の二酸化炭素を大気から除き、それを白亜と石灰石に閉じ込めてきた。

白亜は世界中で地下に見られる。それはイギリス、フランス、ドイツ、ロシア、エジプト、シリアの下に横たわり、直径約三千マイル（約四千八百キロメートル）の地域にわたる。場所によっては、白亜層は厚さが千フィート（約三百メートル）以上ある。白亜の地下の堆積は一般に地質断層のところで露出されるが、海岸の絶壁でだけで目立って露出され、たぶん最も有名なのは、イギリス海峡に面したドーヴァーのホワイト・クリフのものである。

白亜は、その第一の成分、海洋プランクトンの微化石に加えて、優美に保存されたウニ、ヒトデ、オウムガイ、他の軟体動物、そしてプレシオサウルス——全体で、白亜紀に大洋を行ったり来たりしていた数千以上のはっきり認識できる種——を含んでいる。ときにはこの白亜は黒火打石の細長い筋を含んでいるが、これもリサイクルされた動物の残骸から来ている。ただしそれがどのように形成されたかについては十分に理解されていない。ハクスリーが一片の白亜を顕微鏡で調べた結果示されたことはすばらしかった。彼は、白亜で覆われた土地の広大な地域はどこかの古い時点でどこかの大洋の底にあったと提案していたのである。ハクスリーは、大西洋の泥の約五パーセントが炭酸カルシウムではなくシリカ（二酸化ケイ素）の骨格からなることに気がついた。シリカは珪藻――シリカの殻をもつ藻類――と海綿の骨格に由来する。このことから、その珪藻は表面水から来たにちがいないと推測できる。表面水で彼らは光を得ることができた。わたしたちが「珪藻的な地球」とよぶものを作り上げることに加えて、これらの生物は石油の一成分であると考えられている。

石灰岩の起源は白亜のそれと似ている。それは主に、単細胞の海洋プランクトンの骨格断片に由来する炭酸カルシウムからなる堆積岩で、しばしば二枚貝の貝殻、ウミユリ、サンゴの残骸と混ざっていて、これらは大洋の島々を作り出してきた。サンゴの自由に泳ぐ幼生は何か硬い基質に自分で付着し、それから骨格として役立つ炭酸カルシウムの土台を構築する。サンゴの動物が死ぬと、この骨格が残り、それから他の個体がそこに付着し、他の個体の上で大きくなり、最終的に石灰岩の岩礁を形作る。石灰岩とその変化した形である大理石は、古代から重要な建材である。ピラミッドは、石灰岩の人造の山である。ローマ人はセメントを作った最初の人々で、石灰岩をカ氏約四百四十度（セ氏約二百二十七度）に焼いて炭酸カルシウムから二酸化炭素一分子を遊離させ、水と混ざるとコンクリートの結合剤になる粉末を残すという方法で作った。

ローマのコロッセオは、部分的には、エルサレムの町を略奪することによって、推定十万人のユダヤ人捕虜の労働を使って、建設された。しかしこの建設は、当時新しかったセメントの発明なしには可能ではなかったろう。ローマから二十マイル（約三十二キロメートル）のところで切り出されたトラバーチン石灰岩と、座席と外壁のための大理石を固定したのは、コンクリートモルタルだった。コンクリートは、ローマに作物、生活、動力のための水をもたらす水道橋を建設するのに使われた。ローマ人がほとんど二千年前に彼らの文明を築くのに使った材料を、わたしたちは今でもすべての種類の公共と民間の建造物に使っている。わたしは、メインの森にあるわたしのキャビンの土台の石を結合するのにコンクリートを使った。わたしたちは、過去の地質的時代の大洋の生命の残骸に依存して生きている。

わたしたちの人間の身体も、ずっと初期の生物の生命から作られている。わたしたちのＤＮＡは、生命の始まりにさかのぼるわたしたち独自の系統の遺産を保持するだけでなく、他の系統の祖先の生命を組み入れもする。わたしたちの細胞のミトコンドリア――わたしたちが炭素化合物を燃焼して、最終的に植物から借りる炭素‐炭素結合のエネルギーを放出することを可能にする発電所――は、古い細菌に由来する。それらの細菌はわたしたちの細胞の中で生活を始め、増殖せず、与えられた時点で彼らの環境以上の周囲の資源を使い尽くさないことによって、彼らの手段の範囲内で生きることを学んだ。

大昔のいろいろな世界は今でも生き続けている。多くのサンゴは、彼らに鮮やかな色を与える藻類の共生者を収容している。それらの藻類は、サンゴの中に家を見つけ、お返しに有機化学物質を食物として彼らに提供する。温かい水温はそれらの藻類を殺すかもしれず、その結果、サンゴは漂白化し、飢餓によってやがて死んでしまうかもしれない。サンゴ礁（およびそれから形成される島々）は分解しない炭酸塩の骨格が常に堆積することによって作り出されると、最初に仮説を立てたのはチャールズ・ダーウィンだった。そのようなサンゴ礁は、今日地球上にある最も豊かで最も多様な――そして最も脅かされている――生態系の一つである。

海の世界のリサイクルされていない遺物は、最も大きな地質と大気への影響をもってきたかもしれないが、陸上では、大昔の世界の遺物――主に、泥炭、石炭、石油の堆積を形作るリサイクルされていないかまたは不完全にリサイクルされた植物の身体――も同様に生き続けている。低温で酸素が奪われた条件では、植物の遺物はリサイクルされない。それらはまず泥炭に変わり、その後褐炭（一万年より若く、まだ繊維質の物質を含んでいる）になり、その後、瀝青炭すなわち柔らかい褐炭になる。さらに年を経るにつれて、それは無煙炭すなわち硬い石炭になる（原油の起源はいまだに議論されている。一つの理論は、石油は大昔の植物、主として藻類と動物プランクトンが不完全に分解された結果ではない、というものである。もう一つの、主流の理論は、石油はそのような結果である、というものである）。

石炭は、最初の両生類が陸に這い上がり、巨大なトンボが木生シダやヒカゲノカズラの熱帯林を通り抜けて飛んでいたとき、広大な湿地からもたらされた。主にこの植物の大量の蓄積物が代わる代わる沈んだり、水浸しになったり、それから堆積物に覆われたりした。高い圧力と高温の条件で、これらの植物の遺物は、今も進行しているようなプロセスで、しだいに岩に変わった。

産業革命の引き金となりそれに燃料を補給し、わたしたちの大規模な人口爆発を可能にし、そして今でも採掘され燃焼される大量の石炭は、三億六千万年から二億九千万年前、デボン紀と石炭紀に生み出された。しかしもっとずっと古い植物群落がそれまでにすでに無煙炭に遺物を残していただろう。この石炭は、衝突する大陸プレートによって地球の奥深くに、百四十から百九十キロメートルの深さに折り畳まれるにつれて、石炭をダイヤモンドに変えるような強烈な圧力と温度に同時にさらされた。ダイヤモンドは最も硬い自然に存在する物質である。

ダイヤモンドは、わたしたちにとっては、永続と純粋の象徴である。それらもまた生命を起源とすることを考慮すると、わたしには、ダイヤモンドは、生命の永続性とそれが愛を通して更新されることの適切な象徴であるように見える。一つのダイヤモンドは、永遠に続く生命の化石になった断片であり、地球の生命の進化史という文脈の中で鍛造されたものである。しかしもしあるダイヤモンドが生命の貴重さを示すなら、それは時代を超えてすべての生命のものであって、たった一つの種の現在そして未来の生命という観点で一般的な価値があるのではない。

V

いろいろな変化

文化は、わたしたちの足下にある過去の時代の生物たちから作られた白亜や石灰岩のようである。それは、多くの時代を経て蓄積してきたわたしたちの知識、弱点、切望の残留物である。それは、植物が根と葉の気孔を通して栄養物を吸収し、それを糖とDNAに転換するのと同じように、わたしたちが目と耳を通して脳に吸収する非物質的生命である。そして、石灰岩のように、わたしたちが受け継ぎ吸収するこの非物質的なものは、わたしたち自身の生命と未来の生命にとって大きな物質的な意味をもつ。物理的リサイクリングと非物理的リサイクリングの間にはっきりした境界はない。

サイクリング（循環）のメカニズムはいろいろあるが、それらはすべて外観だけの瞬間的な移り変わりとは異なる。モンシデムシ属のあるシデムシは「瞬時に」マルハナバチのように見えて聞こえるものに変わり、ある種の芋虫は姿勢を変えるだけでヘビか小枝に見えるようになる。そのようなにせの移り変わりは、彼らが実際にはまったく変わっていないという事実を覆い隠す。現実のサイクリングは成し遂げるのに長い時間を要し、一つの身体と精神がちがう生理、行動、生態をもつ別のものに変態することを含む。物理的な移り変わりは昆虫と両生類ではふつうのことで、それより程度は少ないが他の脊椎動物にも起こる。

科学としての生物学のようなものが存在する以前は、自然の移り変わり、たとえばオタマジャクシからカエルへの移り変わりを観察することで、人々は何か同じような魔法が王女様をヒキガエルに変えたり、その逆を起こしたりするかもしれないと、考えるようになった。それはあってもよいのではないか。わたしたち自身の発生における思春期前の時期から成人への移り変わりは、オタマジャクシをカエルに変態させるプロセスとおおよそ同じようなプロセスに基づいている。実際、現在の発生生物学が教えてくれるように、ヒトの胚は水生の子宮の中にいる魚のようで、その子宮の中で胚は赤ちゃんネズミのように見えるものに移り変わり、その後に一人のヒトが生まれる。しかしながら、そしてこれがわたしたちにとって重要な点だが、わたしたちは変態し続ける。わたしたちは、物理的（肉体的）な領域でだけでなく、心的そして精神的な領域でもサイクルされる。そしてさらに重要なのは、わたしたちは、自分自身の変態、そして他の人々の変態を、わたしたち自身の決定によってある程度制御できる唯一の動物だということである。

新しい人生へ、そして新しい形の生命たちへの変態

わたしたちは自分が得るもので生計を立てるが
わたしたちは自分が与えるもので人生を作る。
――ウィンストン・チャーチル

一九五一年春のある朝、アメリカ人になる道の途上で、わたしたちの家族がニューヨークの地平線へと蒸気船で向かっていたとき、父はわたしに自由の女神像とコリブリス（ドイツ語でハチドリたち）の両方を見るようにと心構えをさせた。わたしはとくにコリブリスを楽しみに待っていて、メインで二、三日後に最初の一羽――雄のノドアカハチドリ――を見たときの喜びはたいへんなものだった。それでも、わたしが一羽を手に持つまで、少しの時間がかかった。わたしはパチンコの腕はよかったが、この鳥は難題だった。しかし一か月か二か月後に一羽を捕まえるまで、わたしをそのために訓練してくれるものはなかった。

南北アメリカにはハチドリの認識された種が三百三十九種存在する。多くは植物の花粉の主要な送粉者である。彼らは花を純粋な美しいものから種子を生み出す器官に変質させるという奇跡をひき起こす。わたしは、アメリカのどこにハチドリが住んでいるのか、何羽いるのか、どんな種類がいそうなのか、どんな外観をしていそうなのか、まったくわからなかった。しかし、ある特別にすばら

ホウジャクの一種とその幼虫と蛹。

しいハチドリ——最小のもの、バンブルビーハンマー——について聞いたことがあり、わたしがそんな外観にちがいないと思っていたもの——マルハナバチのように小さいが、メインのわたしたちの庭の花に止まるというよりは空中にホバリングして、その小さな翼はぶんぶん音を立て、短い尾は花から花へと矢のように飛んで行くとき広がる——を見たとき、わたしはそれが欲しくなった。すごく欲しかった。それは人慣れしていたので、わたしは家に駆け込んで父の捕虫網をとり、走って戻って、さっと一振りで捕まえた。この勝利の瞬間に、ガーゼの後ろでそれがバタバタしているのを見て、わたしの興奮は驚きに変わった。一対の触角が見えたのである——そしてそのとき、それがガであることがわかった。

わたしたちはそれをヘマリス属のホウジャクと同定した。この属にはいくつかの種がある。これは目が大きく、背が薄い緑色で、腹に白い綿毛のような毛があった。くちばしの代わりに、長い吻をもつが、これは使われていないときは下あごの上で巻き物のようにきちんと巻かれている舌のような構造物である。このガは世界中に広まった科、スズメガ科に属し、英語でスフィンクス・モス（スフィンクス蛾）、ときにホーク・モス（タカ蛾）ともよばれる。しかし、彼らの行動がハチドリの行動を擬態しているように見えること、彼らの生理がハチドリの生理に類似していることに加えて、彼らの美しさに心を打たれる。スズメガの繊細な配色は魅力的である。さまざまな色合いのグレー、黒と純白、深いさまざまな茶色、さまざまな黄色、さまざまな紫色、ピンク、ルビーレッド、エメラルドグリーンが、毛のように見えるがそうではないものでできた柔らかい毛のために、想像できないような組み合わせとデザインで配合されている。鳥類では、鮮やかな色は性的ディスプレイに使われるが、それらのガにとっては色のパターーニングは樹皮や葉の背景の上でのカムフラージュとして、または偽の目を突然ディスプレイすることで捕食者を驚かせる方法として役立つ。ヘマリス属のホウジャクを除いて、ほとんどのスズメガは夜行性であり、それらはすべて嗅覚によってコミュケーションをする。

休んでいるスズメガが鳥とまちがわれるはずはないが、スズメガが飛び立つとき、それはハチドリのように見える（タカのようにはけっして見えないが）。これらのガは大きさが鳥と重なり、最大のものは翅を広げた長さが八インチ（約二十センチメートル）ある。彼らは、花のところでホバリングして花蜜を食べるための同じ役割に合う外形がハチドリと似ている。しかし彼らの構造上のデザインは、これ以上ないほど鳥のデザインとはちがう。一方は二本の脚をもちそれぞれに四つのかかとがあり、他方は六本の脚がありかかとはない。一方は長いくちばしと長い舌をもち、他方は長い吻、つまり巻き上げたり伸ばしたりできる吸い飲みストロー（種によっては体長の二倍以上の長さがある）をもつ。一方は身体の大きさに比較して巨大な脳をもち、他方は胸部に神経細胞の小さな結節が一つと頭部にもっと小さいものが一つあるだけである。一方は、骨を直接引っ張る筋肉の配置によって二つの翼を動かし、他方は骨をもたないが四枚の翅をもつ。一方は、血液を通じて筋肉に酸素を送り込む肺をもち、他方は肺をもたず血液は酸素を運ばない。見た目が似ていること以外、彼らに関するどんなこともほとんど同じではない。

もしわたしたちがスズメガについてよく知らなければ、彼らは別の世界から来た生き物に見えるだろうが、それでも彼らはなじみの形として簡単に見分けられるだろう。しかしそれは彼らの生命のたった一つの段階でだけ本当である。ガはもう一つの、まったくちがう生命をもっている――つまり、わたしたちがすでにそれになじんでいなかったなら――同じ動物に関連づけられるとはけっして想像しないような生命である。そしてそれの変態をくわしく調べてみれば、たぶんそれは実際、すべて同じ遺伝源から来るわけではないだろう。この章では、生命が別の生命に形を変えるさらに別のやり方をさぐる。それでわたしたちは自然の葬儀屋たちの概念とメカニズムをもっと深く理解することができるようになる。

他の昆虫と同様、一匹のスズメガは二つの「生命」の間に、数週間から一年近く、場合によって数年の死に似た休止期間を経験する。もしわたしが時計を十か月くらい巻き戻していたなら、その春わたしが捕まえたスズメガは皮膚がなめらかな、グリーンピースの薄緑色の動物で、巨大な腸をもち、吻をもたず、翅をもたないものだったろう。むしゃむしゃ食べるための、小さな、ナイフのような大顎を除いて、それはめったに動かなかった。それは這うことができたが、ゆっくりとできるだけだった。このガの飛ぶ力とスピードが一つの適応であるのと同様に、幼虫のあまり動かない習性と動きの遅さも一つの適応である。動かなければ動かないほど、這うのがゆっくりであればあるほど、動きを合図としてそのような獲物を情け容赦なく狩る捕食者たちに見られにくくなるだろう。人間の手の中にいるときには衝撃的な外観をもつにもかかわらず、自然の生息場所では幼虫はほとんど見えず、カムフラージュの巧妙なトリックによって、自分が食べる葉に溶け込んでいる。たとえば色の一致、身体の上側が暗く下側が明るい色になっているカウンターシェイディング（上から光が当たったとき、見えにくくなる）、葉の損傷のように見せかける皮膚の茶色の斑点などのトリックである。芋虫は一本の葉の多い小枝にしっかりとくっついたままで、そこで別の葉に移るために一日数インチ（一インチ＝約二・五センチメートル）だけ動く。芋虫は葉の端切れを残さないように食べるが、葉が残っていれば鳥たちに居場所の手がかりを与えるだろう。次の葉に這って行く前に、最初の葉の残りを葉柄のところでかみ切って、食べた跡を消し去る。捕食者はふつう鳥で、もし一羽の鳥がその小枝に舞い降りたら、芋虫は後ろ足で立ち上がり、エジプトのスフィンクスのような硬くこわばった、生命のない姿勢をとる――そこから英語の「スフィンクス蛾」芋虫の名前がついた。

変態のたくさんの謎のうち、最も思わせぶりなものの一つは、なぜわたしたちにそれがあるのか、あるいはなぜそれを必要とするのか、である。標準的な説明はこうである。つまり、変態は成体の段階に達する際の成長の必要な機能であり、このプロセスの間にその動物は自らの進化の諸段階をたどるようないろいろな形態を経て発達しなければならない、というのである。一匹のオタマジャクシはこうして、両生類の段階に達するために自らの魚の祖先を再び経験しているにすぎない。同様に、ヒトの胎児段階のえらの切れ込みと尾も、その同じ初期の進化の道を再びたどることである。これらの初期の発生の諸段階は非常に保守的なので、分類学への有用な道案内になるが、一方、二つのすっかりちがう動物――鳥とガ――は、収斂が類似につながることを示す。

実際的なレベルでは、マグロとクジラを考えていただきたい。マグロとちがって、クジラの胎児は他の哺乳類の胎児と同様、前脚と後脚をもっているので、わたしたちはその胚からそれが哺乳類であって魚ではないと推測することができるが、魚の形にそれは似ている。同様に、スズメガは鳥に似ているが鳥ではなく、その幼生段階、つまり芋虫は、魚にも鳥にも両生類にも似ていない。幼生たちは、チャールズ・ダーウィンが示したように、一つのよい分類学の道具である。長い間、サンゴは、硬い炭酸カルシウムの殻があるために、高度に派生した軟体動物だと考えられていた。しかし、ダーウィンはサンゴの幼生が自由に泳ぐエビのような生き物であることを示したので、わたしたちは今ではサンゴを巻貝よりもカニやその同類により近い仲間として分類する。

進化の上での変化をたどる発生上の変形の原理は、「個体発生は系統発生をくり返す」とよばれ、ドイツの生物学者、エルンスト・ヘッケルの功績になる洞察である。それは、退けられないまでも、しばしばきびしく批判されてきた。なぜなら、普遍的にあてはまらないからである。系統学的な説明は、昆虫を脊椎動物から区別するには十分に機能するかもしれない。脊椎動物の初期胚はすべて互いに似ているように見えるが、他の動物のそれとはおおいに異なる。しかし、多くの海洋無脊椎動物、たとえば海綿動物、ヒトデ、ウニなどの発生初期の形は、成体の形とひどく異なる。一方、タコは、二枚貝とその同類（初期の化石の形は、巻貝の殻に似た殻をもっていた）に由来し、プランクトンとして生活を始めるが、彼らは巻貝のように見える中間段階のある変態をしない。タコは、卵から孵化するとき、タコのように見える。同様に、系統のくり返しの原則は、多くの他の生物、たとえば昆虫にうまくあてはまるようには見えない。そこでは、変態はじつに、一つの動物からまったく異なる動物への変形のように見える。

昆虫は、約四億年前のカンブリア紀に水生の甲殻類のような祖先から生じた一つの古いグループである。彼らは、陸に上がってきたとき、保護のための鎧兜を携えてきたが、それは骨格としても役立ち、あらゆる種類の形に変えられた。しかし成長するために彼らは定期的にこの外骨格を脱ぐ必要があった。外骨格は柔らかくない限り伸びなかった。どの昆虫も成虫段階に達するまでに数回脱皮をし、一回の脱皮ごとに身体は成長し、少し形を変えるかもしれない。すなわち、脱皮は変形を可能にする必要なステップだが、それは必ずしも変態という結果にならない。最も原始的な昆虫たちは、大きさ以外はほとんど何も変化しない。セイヨウシミとトビムシは、ミニチュアの成虫として卵から滑り出る。同様に、バッタ（直翅目）、カメムシ（半翅目）、そしてゴキブリとシロアリ（ゴキブリ目）では一回一回の脱皮でほとんど変化が起こらない。それゆえに次の疑問が出てくる。なぜ、ある目《もく》の昆虫、たとえば鱗翅目（ガとチョウ）、双翅目（本当のハエ）、鞘翅目（甲虫）では、過激な、ほとんど「壊滅的な」身体の変化があるのだろうか。これらのすべての目《もく》の昆虫は、幼虫が地虫のようである。これから説明するように、これらのグループの変態の間に起こる過激な変化は、実際、ほぼまちがいなく死とそれに続く生まれ変わりを含む。

　ある種の昆虫や何か他の動物の変態の場合のように、二組の非常に異なる遺伝的指令が働くときにはいつでも、結果として生じる生まれ変わりは新しい種のようである。幼虫の遺伝的指令のスイッチが切られると、成虫の遺伝的指令のスイッチが入る。しかしなぜ、二つの非常に異なる動物のために二組の指令が存在するのだろうか。標準的な答えはこうである。つまり、芋虫の専門化したニーズは、成虫のガのための遺伝的指令とは異なる指令を必要とするのである。成虫のガは別のニーズがある。しかし、どのように二つのゲノムが一つの種に生じることができたのだろうか。最近まで最も広く受け入れられていた見解によれば、この状況は自然淘汰の漸進的なプロセスを通じて生じ、その際、生活環のこの二つの段階でさまざまな淘汰圧があった。すなわち、早い段階で成虫遺伝子が強く抑制されることと、正しい時点でそれらが活性化されることである。しかし、ある新しい理論が主張するところでは、ウジからハエ、芋虫からガという変態はあまりにも過激で、一方から他方への連続性がないので、これらの昆虫の成虫形は実際に新しい生物である。この提案によれば、彼らの古い遺産のどこかの時点で、これらの動物がまだ水生であり、すべての受精が体外で行われていたとき、彼らは別の種と雑種を形成した。彼らはこうして別の一組の遺伝子をかくまい、それが、適当な環境を与えられると、活性化されることができた。実際、その動物はキメラ、つまり二つの合成物で、最初のものが生きて死ぬと、それから他方が出現する。

一見したところ、そのような変態がリサイクリングを通じて順次生きる二つの異なる生物から生じるという考えは、まるで本当らしくないように見えるし、海洋生物学者のドナルド・ウィリアムソンがそれを最初に提案したとき、彼は、予想されるように、笑い者にされた。しかし事実、キメラが他の生物のゲノムを取り込んでいるという考えは、主流の生物学の一部である。わたしが一九六〇年代に原生動物のミドリムシを使って研究する大学院生だったとき、この原生動物の核はその独自の遺伝的指令を含むが、その身体はもう一つの別の一組の指令をミトコンドリアに含み、三番目の一組を葉緑体に含むことが知られていた。わたしはこれらの極微動物を暗闇の中で、砂糖、酢酸、そして他の有機化合物を与えて育てた。彼らは腐食者だった。わたしが光を向けると、彼らは植物に変わった。彼らは葉緑体をもっているので、二酸化炭素以外の炭素化合物を大気中からさがす必要がもはやなかった。ミドリムシとある種の他の原生動物は、自分独自のＤＮＡのほかに、ミトコンドリアにある、細菌に由来するDNAによって糖を分解して使うことができ、藻類に由来する三番目の一組のDNAによって植物になることができるので、自分自身を変形させることができる。葉緑体は、ある新しい環境——すなわち、他の細胞の内部——で生きるように、そしてそこで繁殖さえするように適応してきた原型的なランソウである。彼らは、すべての生物がしなければならないように、順応し抑制し、彼らの環境の中の適当な刺激に応答することによって、適応してきた。葉緑体の主な適応は、宿主を破壊するところまで繁殖しないことだった。

今述べた例では、複合体の極微動物を作るために別のゲノムの一部だけが組み入れられた。しかしこのDNAの移動のプロセスはいつでも起こる。すなわち、ファージウィルスが細菌に感染するとき、それらのウィルスはしばしば感染した細胞の遺伝物質を別の細胞のゲノムへと移し、そこにその遺伝物質は組み入れられ、その後、細胞が分裂し増殖するにつれて無限に増殖する。このプロセスは、トランスダクション（形質導入）とよばれ、分子生物学者たちの確立された実験道具である。先に述べたが、サンゴの場合、一つの生物の全細胞が生きて増殖するが、半独立的で、他の細胞の内部で生きて増殖する。同様に、ある種の巨大な二枚貝は緑藻類を含み、すべての緑色の細胞と同様に、これらの緑藻類は二酸化炭素を炭素化合物に固定し、それらの炭素化合物がまず緑藻類自身を構築し、それから二枚貝宿主も養う。そして、他の細胞の中で生きる細胞の一部と、他の生物の細胞の内部にある細胞全体にあてはまることは、他の生物の身体の中で生きる生物全体にもあてはまる。たとえば、シロアリ、ゾウ、そして動物界の多くの他のメンバーの消化管の中で生活する原生動物と細菌である。

そのようないろいろな共生はいろいろな生態系の階層にまで広がり、そして最終的には何百万という生物の相互依存——地球の生物圏全体——にまで広がる。

原生動物は藻類から有用な遺伝的指令を獲得し、シロアリは原生動物から他の有用な遺伝的指令を獲得したという考えは、人間が家畜動物と植物をわたしたちの社会に組み込み、マックナゲットやフレンチフライを作るための新しい遺伝的指令をわたしたちに与えた、という概念と同じくらい的確である。ちがうのは、その新しい遺伝的指令が働くレベルである。

それがどのように生じたかにかかわらず、ある種の昆虫とある種の他の動物たちの変態のときに働いている非常に異なる二組の遺伝的指令があり、それらはちがう種であるのと同じくらいちがう。いや、もっとちがうかもしれない。それらはしたがって一つの生まれ変わりを表し、単に一つの個体から他の個体への生まれ変わりというだけでなく、一つの種から別の種への生まれ変わりに等しいものである。どのようにその二つが「魚でも鳥でもない」ような取りちがえられた生き物を作り出すことなく同じ生物の中に共存するのかは、どのようにそれら二つの遺伝的指令が生じたかにかかわらず、潜在的な問題である。解答は、一つの身体の大部分が死んで新しい生命が一つの新しい身体に復活する、というものである。それはすべての昆虫でだいたいこのように起こる。わたしのスズメガの芋虫が完全な大きさまで育ったとき、それは芋虫としての生活をすべて養っていたサクラの木から出て行き、地面をさまよい歩き、それから土に穴を掘ってもぐった。そこで芋虫は自分自身のための地下聖堂を作った。暗闇のなかでそこに動かずに横たわって、芋虫は最終的に縮み、死んだ皮膚を脱ぎ、硬い覆いをまとったミイラのような形に変わった。芋虫の器官が溶解するにつれて、内部はかゆのような状態に変わり、細胞の大部分は死んだ。しかし、いくつかのグループの細胞、つまり「成虫原基」〔英語で成虫原基をいう imaginal disc は「imago（成虫）」から〕とよばれるものが残った。これらは、小枝に成長することのできる植物の芽や、すっかり新しい植物に成長することのできる小枝と同様、新しい器官を生み出す種子または卵のようである。この見たところ「休んでいる」段階すなわち蛹の段階の間、成虫原基は、幼虫の細胞を破壊しそれらの細胞から蛋白質と他の栄養物を原基自体に取り入れる。最終的に幼虫細胞のすべては置き換えられ、新しい細胞は秩序立ったやり方で集合してガを生み出す。生命の大部分でそうであるように、このプロセスは、生理学に直接作用する遺伝子上にコードされた特異的な遺伝的指令に従った。

わたしたち人間ではこの変形のプロセスは同じだが、何か新しいものが加わる。第一に、変化のプロセスは漸進的で、わたしたちの生涯の全体にわたる。第二に、遺伝子がものを言うだけではない。脳も、思考の上で、わたしたち自身にも他人にも、ほとんど文字通り生まれ変わりを引き起こすことができる。

信仰、埋葬、そして不滅の生命

現実には、未来はわたしが想像できるどんなものよりもはるかに驚くべきものだろうと確信している。それでわたしは、宇宙はわたしたちが推測するよりふしぎなものであるだけでなく、わたしたちが推測できるよりふしぎなものであると思う。

——J・B・S・ホールデン『可能な世界』より

わたしたちの家族では、宗教と毛鉤釣りの間にはっきりした境界線はなかった。

——ノーマン・マクリーン『マクリーンの川』より

わたしたちヒトという種は遺伝的に唯一無二であると思うかもしれない。そして実際、そのとおりである。どの種もそうであるように。しかし、わたしたちのたくさんのDNAの混合物は実際、すべての生命がもつDNAの一つの混成物であり、多くの、そしてさまざまなやり方で、その混合物は生命の始まりにあった一つの共通の起源にさかのぼる。最も新しい共通の起源の一例はわたしたちの狩猟者の祖先に由来し、それらの人々のスキルと知識は、すでにみたように、動物の死体のリサイクリングにおいてきわめて重要だった。それらの死体は畏敬の念を起こさせる生きた動物に由来するものであり、狩猟者たちは効果的に狩猟をするためにそれらの動物をよく理解するようになる必要があったので、わたしたちは感情移入するようになった。わたしたちは、わたしたちが「生命」

とよぶ貴重な、神秘的な贈り物はその動物が槍や矢で刺されると突然消えるかもしれないことを学んだ。わたしたちはあの死の後の期間についてどんな領域よりも少しのことしか知らず、多くのことを信じる必要があった。そのとき、身体はほとんど変えられないが、にもかかわらず突然生命を奪われる。「それ」はどこへ行ってしまったのか、どこからそれは来たのか、なぜ。わたしたちは、自分たちの生命と自分たちの運命を理解するために人間の創造についていろいろな物語を発明した。それは、わたしたちの互いの関係と地球との関係を明確に述べた物語であり、それが今度はわたしたちの道徳観を育てた。これらの物語を作り出す知識は当時、不十分だったが、その知識を支える信仰は十分だったにちがいない。隠喩は、知っているものをたとえに知らないものを説明するのを助けた。隠喩が本当らしく見えるためには、それらはわたしたちの存在の真実に触れなければならず、もしそれらがわたしたちを気分よくしてくれたなら、それらはより容易に受け入れられた。

エジプト人にとって、糞虫（おそらくヒジリタマオシコガネ）が表したのはケプリ、つまり太陽神ラーを朝、空まで転がす聖なるタマオシコガネだった。ラーは、すべての生命の創造者であると信じられていて、自らを毎日無から作り出し、空を横切って転がされ、それから夜に黄泉の国で無へと帰った。タマオシコガネの模型はお守りとして何百万となく作られ、ミイラにされた身体が死後の生命に入る準備としてその心臓の上に置かれた。さらに人間の死後の生命のための教えが、「死者の書」とよばれるようになるもの〔古代エジプト人は「日によって現れることの本」(日下出現の書)とよんだ〕に現れた。人々、動物たち、悪魔たち、神々の絵が入ったパピルスの巻き物にヒエログリフで書かれた場面の数々である。これらのパピルスの巻き物は、心臓の上にタマオシコガネを置かれたミイラ化された身体に付き添い、霊にこの世の楽しみを続けるよう教えることを目的としていた。

最も有名な場面は、申し分なく細部まで保存されていて、アニという名の男についてのものである。この男はラムセス二世の時代、紀元前一二七五年ごろに生きていた。心臓は知性の在処と考えられ魂でもあるが、アニの心臓がジャッカルの頭をした神、アヌビスによって重さを計られているとき、彼と彼の妻が神々に向かって頭を下げているのが見える。アニの魂はアニの心臓に語りかけるよう教えられる。真実の羽が秤の反対側のつり合いおもりである。トートは、トキの頭をした知の神で、判決を記録する。アメミットは、「貪食者」(クロコダイル、ライオン、カバの部分からなる怪物のようなキメラ)で、秤量の結果を待っている。その結果が、ハー、つまりアニの魂が、太陽神ラーまで出て行く毎日の旅の間に地上の楽しみを経験し続けるかどうかを決める。ハーは、毎日の巡回をおこなった後、夜にミイラ化された身体に戻る。もしアニの心臓の重さを計った結果が判決を悪い方に傾けると、アメミットは彼の魂を飲み込む。エジプト人は自分たちが神々に影響を与えることができると信じていたので、死後の人生に備えるために規則、慣例、取り決めを固く守らなければならなかった。それらの信仰はピラミッドを建てるほど強かった。ピラミッドの目的は、建設の費用をまかなうことができる有力者たちの死後の人生を手助けすることだった。しかしピラミッドはまた、古代ギリシャの歴史家、ヘロドトスが記すように、一般大衆にとっての恐怖の時代を象徴するものでもあった。一般大衆は、他の人々の死後の人生を確実にするためにピラミッドを建てるための奴隷にされた。

わたしたちはもうこの死後の人生の物語を信じないが、それは一つには、それが富める者を養うために貧しい者から奪うという有毒な物語だと理解するからである。わたしたちはすべての人が同じ生きる望みと幸福を手にしてほしいと思う。しかし問題は、これほど多くの宗教があると、当然のこととして、一つの宗教だけを信じるどの人も他の多くの宗教にとって異教徒になることである。大部分の宗教はこの深刻な問題を認識しており、伝統的な治療法は、もし可能なら「唯一の」宗教に改宗させることであり、もし不可能なら、その宗教を押しつけることである。

古代エジプト人にとっても、他の文化にとっても、不死についてのさまざまな考えは宗教と関係していた。それらの考えはしばしば宇宙におけるリサイクリングへの信仰を含んでいたが、その信仰は当時の人々の知識に基づいたもので、そこには、ある地域では今でもそうであるように、死肉を食べる大きな鳥がしばしば含まれていた。ブリティッシュ・コロンビアのキングカム村のツァワタイネウク族では、首長の魂は一羽のワタリガラスの形で村に戻って来る。ワタリガラスは今でも死後の生命の強力なシンボルで、本書の冒頭で紹介したわたしの友人からの手紙が証言するとおりである。わたしがこの手紙を受け取った後で、別の友人が言ったのだが、彼は、死んだ後いかにしてワタリガラスに食べられるようになるか、考え出そうとしていた。つまり「わたしは火葬してもらって、自分の灰をハンバーガーに混ぜてもらい、鳥にえさとして与えてもらおうとしている」。古代エジプト人の信仰では、母なる女神ムートは、シロエリハゲワシ、つまりあの世に生まれるための媒介者だった。しかし、糞ころがしは、死後の生命についての信仰でもっと重要な役割を演じた。糞虫の生活環はどうやら死後の生命の自然による確認として役立ち、人間にとって死後の生命に備えるためのモデルを提供したらしい。

前に述べたように、この糞虫たちは子孫を育てるために大地にもぐる。地面に種子をまいたり耕したりする人は、彼らの一見して生命のない、両側に脚と他の身体の部分が押し付けられてできた動かない模様がついた蛹を見つけたことがあるかもしれない。その人々には内部の器官は見えず、その動物の変態後の将来の生命のための食物を含む殻に入れられた、見たところ生命のない身体だけが見えたことだろう。観察者は当時も今も、どのようにある日一匹の生きた糞虫——輝く新しい生まれ変わり——がこの見たところ生命のないさなぎから羽化し、大地から出て来て、飛んで行くのかを見たことだろう。その人々は、この新しい糞虫が、一年前に土の中にもぐったものと本当に同じである（外見上）ことに気がついたことだろう。古代エジプト人は、この糞虫はただ一つの性をもつと考えたが、それは生きた糞虫が死んだ糞虫から直接復活するという信仰の副産物にちがいなかった。

寺院やピラミッドを建設し、繊細な布を作り、図書館をいっぱいにする手段と権力をもっていたような文明、動物たちが神々として配置され、死後の生命を保証するためにピラミッドの建設を誘導するのに十分なほど信仰が強力だった文明は、糞虫を調べ、糞虫たちの習性と生活史を知っていただろう。彼らは、死後の生命を達成することに関連したこれらの動物について知りたかった。

古代エジプト人は、驚くほど数多くの自然に由来する事実を彼らの創造の物語になんとか編み込んだが、彼らは思いちがいをしていた。ことわざの悪魔は細部に宿るのである。わたしたちは今、糞虫について、そしてさらに多くのことについて、新しい知識をもっている。そしてわたしたちは新しい創造の物語を書いているところである。死後の人生を達成するために、わたしたちはもう人間の身体を包んで糞虫の蛹のように見せかける必要はないし、いつか復活した生命が飛んだりはしゃいだりできるように長いトンネル（糞虫よって掘られたもののような）がつながる暗い、隠された部屋の中でそれに食物を与える必要もない。

死後の人生を達成するために人間の遺体をリサイクリングすることに関する古代エジプト人の信仰は魅力的だが、それらは他の、もっと古い時代の人々の信仰と同じくらい想像力に乏しく、もっと古い時代の人々も同様に、自然の一時的に華やかでめだつ外見の向こうで起こっていることを知らなかった。わたしたちが、都市、記念碑的な建造物、中央集権的な活動という観点から知っている最初の文明は、現在のイランの場所で二千年以上前に起こった。都市に定住する以前、その地域の人々は村に住む狩猟者だった。彼らはおそらくハゲワシ、ワタリガラス、ワシ、ツルを崇拝していた、あるいは少なくともそれらの大きな鳥に感銘を受けていた。ハゲワシとワシは、村のごみの山で定期的に利用できる動物の残骸を利用していただろう。これらの鳥は一見して象徴的である。彼らの翼はおそらく生と死の祝賀であった儀式的ダンスで使われていたことが知られている。四千年から五千年前のアナトリアにあった新石器時代の町、チャタル・ヒュユクの壁画は、短い首と首のひだ襟をもち（おそらくクロハゲワシ）、頭のない人間の身体を食う、ほぼ実物大のハゲワシを描いている。人類学者のジェイムズ・メラートは、この遺跡を発掘した学者だが、この描写を「埋葬の証拠」と考えた。別の壁画は、二羽のシロエリハゲワシを人間の身体の部分とともに示している。住居の中には、人間の頭蓋と、ときには不完全な骨格の骨の寄せ集めがあった。人々は、身体がハゲワシのために意図的に並べられるような場所をもっていただろうか。もしもっていたなら、その鳥たちは、肉を取り去った頭蓋といくらかの骨、つまり、たぶんそれらの住居の中に埋められていたものを残しただろう。エリコで発見された頭蓋は、眼窩にタカラガイの殻が粘土とともに差し込まれていた。たぶんそれらは亡くなった人々の形見として保存されていた。

　チャタル・ヒュユクの壁画の一つは、何かを頭のまわりで回している一人の人間を示している。メラートは、この人はハゲワシを追い払おうとしているのだと考えた。しかし、二人のハゲワシ専門家、エルンスト・シュッツとクラウス・ケーニヒは、この人はハゲワシたちを引きつけようとしているのだと仮定する。彼らは、チベットで観察された習慣にもとづいてこの仮説を立てた。チベットに入った最初のヨーロッパ人の一人、ドイツ人の探検家エルンスト・シェファーの一九三八年の報告によれば、そこのハゲワシたちは、「ラジアパス」(ragyapas)――プロの死体解剖屋――が投石器を振り回すとき近づくよう、条件付けされていたというのである。ラジアパスはそれから死体の部分をハゲワシたちがすばやく持ち去るようばらまいただろう。鳥たちが食べ終わったとき、ラジアパスが戻ってきて骨の残りをほとんど何も残らなくなるまで押しつぶした。この空葬は、死者を処理するのに便利で、速くて、安い方法であり、死後の生命という考えはそこで自然に儀式と宗教的習慣に組み入れられたかもしれない。

空高く翼を広げて舞うハゲワシ、ワタリガラス、ワシは、やがて単なるしみとして見え、それから視界から消えただろう。これらの鳥が天から大きな螺旋を描いて、大きな飛び羽で風をはためかせながら降りて来て、死者の身体をつかむとき、彼らが霊界の故郷から来て、何か非常に重要なものを運んでそこへ戻って行くというのは、筋が通っているように見えたかもしれない。

わたしたちのほとんどは、できるだけ長い間、物理的世界の一部であり続けたいと思い、わたしたちは自分が信じることのできるもう一つの生命が欲しいと思う。どれほど強くもう一つの生命を信じるかは、わたしたちが知っていると思うことに依存する。わたしたちのほとんどは、自分のまわりにあるなじみの世界の本質を疑問に思わない。それにもかかわらず近代科学は、わたしたちの物理的世界が、理解しようとすればするほど、ますます不可解で神秘的であることを明らかにしつつある。わたしたちのほとんどは、わたしたちが生物学的世界に直接つながっていること、どのようにそのつながりがわたしたちを歴史と時間に結びつけるかに意識的に気がついている。しかし、物理学者のスティーブン・W・ホーキングが『時間の簡潔な歴史』(邦題『ホーキング、宇宙を語る――ビッグバンからブラックホールまで』)の中で説明するように、アルバート・アインシュタインが一九〇五年に絶対時間の概念に異議を唱えて以来、わたしたちは空間が何であるかについてほんの漠然とした概念をもっているだけである。わたしたちは時間が何であるかをよく知っているわけでさえないが、それでも時間は空間のすべて、したがってすべての物質に影響する。一物理学者の観点からは、宇宙は「曲げられて」いて、始めも終わりもない。その結果、ビッグ・バンの前に何が来たかと問うことは、ホーキングが述べるように、「北極の北に何があるかと問うようなものだ」から、無意味かもしれない。

わずかながらわたしたちが知ることは、わたしたちが認識した物理的世界とのつながりのいくつかを形而上学の領域に持ち込み、最新の科学は神秘的なつながりの概念を支持する。『サイエンス』誌の二〇一一年四月号に掲載されたアドリアン・チョの小論文の報告では、七億六千万ドル（一ドル百一円として約七百六十八億円）のアメリカ航空宇宙局（NASA）宇宙船ミッションがアインシュタインの一般相対性理論を確認し、「それは質量が空間－時間を曲げるとき重力が生じると述べたものである」。おわかりだろうか。わたしはわかったと思う。つまり、わたしたちが知るような宇宙は時間の関数だが、わたしたちは時間、質量、空間、あるいは重力を理解しない。しかしそれはわたしたちがそれからできているもの、それの一部分であるものである。自然はそのような深いレベルでは実に不可解なものである。すなわち、わたしたちの自然とのつながりには目に映るより多くのものがあり――そして脳に何千億個のニューロンがあっても、わたしたちの脳によって形作られるかもしれないより多くのものがある。わたしは、快楽と満足を求めるわたしたちの自然の傾向の言いなりにならないようにするが、この傾向はわたしたちに気分が前より良いと感じさせ、それを「正しい」と思わせるほとんどどんなことでも信じさせる。しかしわたしは、なじみのもののほかに世界の他の次元があるかもしれず、何かがわたしの物理的自己を超えて生き続けるという可能性を排除することができない。もしそうなら、わたしが死ぬとき、それは何か他の始まりのためのお祝いで、終わりではない。もしそれが本当でなくても、わたしは何も失っていなくて、多くを得ている。

時空がコスモスをつなぐのとちょうど同じように、そしてわたしたちの身体を作り上げる分子がわたしたちを過去の爆発した星につなぐのとちょうど同じように、わたしたちは地球の生物圏とつながり、わたしたちどうしが互いにつながるのと同じやり方でコスモスとつながっている。物理的にわたしたちは自転車の車輪のスポーク、あるいは自動車のキャブレターのようなものである。わたしたちが地球という生態系の一部であるという隠喩は信仰ではない。それは現実である。わたしたちは一つのとてつもないシステムの小さなしみであり、何か雄大なものの部分である。わたしたちは、生命が自らの地球上の始まりから「学んで」きたこと、そして太陽が消えるまで子孫に伝えられ続けるDNAに遺伝的に暗号化してきたことの一部である。

最も明らかな物理学的–生物学的つながりを超えて、わたしたち人間は過去のたくさんの生命の混成物である。これはすべての動物にとって真だが、人間はある程度意識的にこの受け継いだ遺産の道筋を管理することができるので、わたしたち人間にとってとくに関係があるように見える。個人的な経験からも、認知科学からも、わたしたちはわたしたちが経験し記憶しているものであることを知っている。わたしたちはたくさんの経験のシンフォニーである。わたしの人生におけるほとんどどの重要な方向転換にも、背後に助言者――わたしを気にかけ、わたしが絆で結びついていて、わたしの目を開かせてくれたり、精神を教え込んでくれたりしただれか――がいた。

ランナーとしての最初の一年、わたしはメインのグッドウィル・スクールのジュニア（十一年生）だったが、その一年の間、せいぜいよくても二流だった。しかしシニア（十二年生）になるまでにわたしは劇的な大逆転をしていた。その年の最初の競技会ははるかに大規模なウォーターヴィルのチームと対戦し、このときはわたしたちは彼らの代表チームと対戦し、以前に対戦したジュニア代表チームとの対戦ではなかった。わたしはレースに勝ち、わたしたちは圧勝した。わたしたちの二番目のレース、対ヴァイナルヘイヴン戦でも、わたしは全体で一位で、わたしたちは再び競争に圧勝した。次の七つの競技会のそれぞれで、わたしは選ばれる第一の男だった。どうしてこれが可能だったか。間の一年に何が起こったのか。わたしはわかっているつもりだ。つまり、わたしはもう以前のベルンド・ハインリッチではなかったのだ。身体さえも同じではなかった。それはいまや「レフティ」・グールドという名の男の生命の精神とでもいうべき何かをかくまっていたのだ。

レフティは、ヒンクリーの町の一部屋だけの郵便局の郵便局長だった。わたしは、日に二回、皮のポーチに入れた学校の郵便物を届けるとき、彼に会った。彼が中味を取り出して受け取った郵便物を入れた後、わたしはそのポーチを学校に持って帰り、管理棟にそれを置いた。レフティにとってわたしは悪い子ではなかった。わたしが二流の運動選手でも、寮母さんを批判しても、給水塔に赤いペンキをはねかけても、悪い成績をとっても、一度追い出されたことがあってもである。彼はわたしの味方で、わたしがただ走っていたくて走るのが好きなことをわかっていた。一方、彼は歩くのがやっとだった。わたしが郵便局に行くといつも、彼は郵便物を交換する窓敷居によりかかって、わたしがだれか価値ある人であるかのように話しかけてくれた。彼はわたしのことを、彼が受けたのと同じようにひどい扱いを受けた負け犬だと見ていたと思うが、ただしそのようなことをけっして言うことはなかった。レフティは、かつてウェルター級ボクシングの世界チャンピオンになるところだったと話してくれたのだが、わたしは彼が真実を話してくれていることを疑わなかった。彼は、一分間に何回腕立て伏せをしていたか、毎日何マイル（一マイル＝約一・六キロメートル）走っていたか、話してくれた。しかし運命がじゃまをした。彼はヨーロッパと北アフリカで陸軍の第八十二空挺師団とともに戦い、戦闘で片脚をほとんど吹き飛ばされそうになった。体内に金属が残っていても、かろうじてでも歩くことができるほど十分にその脚が救われた（捕虜になった後、あるドイツ人の医師によって）のは奇跡だった。彼が戦争での体験について話してくれるとき、汗が彼の額を転がり落ちるのだった。彼がわたしにすべてを話しているとは信じられなかった。わたしはそれまでより激しく、速く、長く走り始めた。たとえそれでどこか痛めても、レフティにわたしが何ができるか見せるためだった。彼の精神の一部が死を超えて生き続けることを彼はけっして知らなかっただろうし、そんなことがあるとさえ思わなかったろう。しかしあるのである。彼がわたしを信頼してくれたことと彼の助言は、彼から受け継いだ遺産である。わたしが走ったどの良いレースも、わたしが打ち立てたどの記録も、高校最後の年にさかのぼる。わたしたちの絆を通して、レフティは知らず知らずのうちにわたしに翼を取り付け、わたしを大学へ、その後、世界の開拓へと導いてくれたような方向にわたしを向かせてくれた。

わたしたちは、人々との関係、主として両親と、何らかの方法で自分と親しくなる人々との関係を通じて、遺産を残す。わたしたちは多くを与えられるが積極的に受け取りもしなければならない。わたしの父は、生涯をかけて集めたヒメバチのコレクションをわたしに続けてほしかった。そのとき、それは彼の延長になることのように見え、わたしに対する本当の関心ではないように見えた。それでも彼の多くがわたしの中にある。彼はわたしに自然への男らしく力強い愛を与えてくれた。それはこの瞬間、わたしがこれを書いていることに表されているし、わたしのこれ以前のすべての仕事の一要因だった。それは、彼のスズメバチを集めたり、彼のさまざまな物語を聴いたり、遠くの異国の土地で珍しい鳥を追ったり、彼がわたしを一年間アフリカのブッシュとジャングルに連れて行ってくれたりという、森とフィールドへの数えきれないほどの遠征の最終結果である。わたしはヒメバチの分類学者にならないことで彼を失望させたが、よく考えてそうしたかはともかく、わたしは彼が差し出したものを受け取った。

わたしは、そのことを考えれば考えるほど、明確な事実をますます悟った。わたしたちはわたしたちの遺伝子の産物であるだけではない。思考の産物でもある。わたしの身体の形、わたしのミトコンドリアのまさに酸素運搬能力、わたしの脳の中の物理的回路、わたしを動かす化学物質は、他者の思考によって、ある程度、決められているとはいわないまでも、形作られている。考えの数々は、地震、旱魃、雨、日光、その他の自然の急変以上にとはいわないまでも、それと同じくらい確実に、わたしたちに長く続く影響をおよぼす。

春、わたしは夜に形作られた雪殻の上を、日中の太陽がもろいウェハースのように薄くした後に歩いた。ワタリガラスたちは高いマツの木に飛んで来て、新たに折り取ったポプラの枝で巣を作り、シカの毛で裏打ちして、青緑色の卵を産む。雪が溶け去った後、さまざまな花――紫と白のエンレイソウ、スカイブルーのミスミソウ、黄と青と白のスミレ、スノーホワイトのルリジサ――が突然咲いてすぐに消える。その間、カマドドリが夜明けに鳴き、チャイロコツグミが夕暮れ時に甲高い声で歌い、その後、ヤマシギが森の空地の上を飛んで踊り、アメリカフクロウが深い森の奥からホーホーと熱狂的な叫び声をあげる。夏になると、メスグロトラフアゲハが森を通り抜けて飛び、綿毛で覆われたマルハナバチが野原の黄色いアキノキリンソウへと飛ぶ。秋が来ると、赤い神々とでもいうような何かよくわからないものがわたしを発情期のオジロジカ狩りへと誘い、わたしは、漂う雪片がすべてを白く覆って次の年のために閉じ込め、小さなトガリネズミと強大なムースが足跡をつけられるようにパレットを残す様子の静寂を楽しみに待つ。クリムゾン（濃赤色）と鮮やかな黄色の冠をもつ小さなキクイタダキはゴジュウカラと踊りはね、茶色のキバシリとコガラはレッドスプルースの間を飛び回り、そこで彼らは風が木々を激しく打つとき目をくらますようなブリザードのヒューヒューいう風から避難する。それはすべてそこ――生命――にあり、わたしはそれを経験し、それを覚えていて、そうしてその一部になる。人は自然と議論することはできない。それは生きるための、そして生きているものすべてのための第一の背景である。

友人の手紙に答えるのは簡単ではなかった。わたしは人間の身体を遠く離れた町から受け取って、それを冬の森に持ち出して、それを裸にしてワタリガラスのために残すことはできなかった。カラスたちは何週間も現れないかもしれなかった。適正な埋葬については法律があり、その行動は違法だったろうから、わたしは彼の要請を後ろめたさなしに断ることができた。それにもかかわらず、彼の言うことはもっともだった。最後を聖化するためでなく新しい始まりを祝うために、死より良い機会があるだろうか。わたしたちが知って、見て、感じるような世界のモデルを儀式で確認するために、もっと良い時があるだろうか。わたしは彼に差し出す解決策がなく、何をすべきかという問題はわたしを絶えず悩ませた。

典型的な現代の商業的な埋葬は、以下のようなものである。それは裸の遺体を鋼鉄製の台の上に置くことから始まり、その台の上で死体防腐処理をする人が血液を抜き、腐敗を防ぐ非常に毒性の強いある化学物質――ホルムアルデヒド――を遺体に注入する。それはそれから金属製の棺に入れられ、ホルムアルデヒドが漏れ出すことのないように密封される。まるで埋め立て式ゴミ処理場の有害廃棄物でもあるかのようだ。その後「それ」は何百万という他の遺体の仲間に加えられて、毎年、さらに多くのスペースを使い尽くす――花をつける植物がないように保たれ、その代わりに刈り込まれた芝の単一栽培であるスペースで、ときには温室で育てられて持ち込まれた切り花がある。アメリカ合衆国だけでも、二万二千五百か所の活動している墓地での埋葬は、年間、三千万ボードフィート（一ボードフィート＝約二千三百六十立方センチメートル）の硬材の材木、十万トン以上の鋼鉄、千六百トンの強化コンクリート、そして百万ガロン（約三百八十万リットル）近くの死体防腐処理液を使い尽くす。火葬はかつて非常にすぐれた葬式だった。わたしたちはそれを、夜に森の周縁または中で行われる劇的なセレモニーとして想像できる。そこではたくさんの木材が容易に手に入った。故人の灰はつぼに集められ、それから埋葬された。現代の火葬は、しかし、セレモニーではなく、わたしたちの故郷すなわち生物圏を尊重するものでもない。それよりも処理というのに近い。火によって遺体を気化させることは、数え上げられないほど多くの有毒化学物質を発生させる。現代の工業的火葬場は、世界のダイオキシンとフランの発生の〇・二パーセントの原因であり、ヨーロッパの空気中の水銀の二番目に大きい発生源である。北アメリカの毎年のすべての遺体を火葬するのに必要な化石燃料の総量は、自動車一台が月まで八十往復するのに使う量と同じであると推定される。火葬はしたがって、非常に高価な処理の手段である。「自然の」または「グリーン」埋葬は、より個人的、自然的、そして安価なもので、だんだん認識され実行されるようになっている（自然葬に興味のある人は最新情報をインターネット上で見つけることができる）。

わたしたちは、自分が動物であり、生命の車輪の一部であり、食物連鎖の一部であることを否定する。わたしたちは、たとえ何十億という動物を殺して食べ尽くし、もっとたくさんの動物たちの生命の資源を永久に取り除いていても、自分が祝宴の一部であり、自分たち自身をそこから除こうとしていることを否定する。しかし一つの動物たりともわたしたちを食べ尽くすことを許されず、わたしたちが死んだ後でさえ許されない。虫たちでさえそれを許されない。わたしたちを自然と他者とにつなぐ新しい創造の物語が必要である。わたしたちに力を与えてくれる物語――わたしたちを裕福にではなく現実にしてくれる物語である。自然、宗教、科学は、現実の世界で一致する。すなわち、互いの間のつながり、山々、プレーリー、大洋、森林とのつながりである。わたしが今話題にしているのは、わたしたち全員が賛成することのできる事実、個々の死を超えることのできる事実の上に築かれた信仰である。

わたし自身はどのように埋葬してもらいたいだろうか。わたしは次の一時間の計画もほとんど立てられないので、何十年も先のことを計画するのはきつい仕事である。ときには、欲しくないもののほうが欲しいものよりわかることがある。わたしはホルムアルデヒドを殺生物剤であるゆえに拒むだろう――それは命を奪う。それは今と同じほどそのときもわたしを傷つけるだろう。しかし、許可を得ただれかがわたしのどこか一部を取って、それを必要とするかもしれないだれか別の男、女、子ども、あるいはラブラドールレトリーバーの中でそれを生き続けさせることもできるかもしれない。もし人間のレシピエントがいなかったら、そのだれかがわたしの心臓をワタリガラスにくれてやることもできるかもしれない。ワタリガラスたちはわたしに多くを与えてくれている。いくらかのビールと、バンジョーと、それからたぶんギターが一丁か二丁、森の中でのこぢんまりしたセレモニーにあればすてきだろう。たぶん半分空になったスコッチウィスキーのボトルを見送りのために傍らに置いてもらい、「ザ・メイン・ステイン・ソング」（メイン大学の校歌）を歌ってもらい、代弁者にわたしがレフティから受け取った偉大な贈り物への感謝のうなずきを伝えてもらうことを望むだろう。高校のときのぼろぼろに裂けたランニングシューズは、行けると思わなかった所へわたしを運んでくれたので保存しておいたもので、おそらく一本の木の下の松の箱に入ったわたしを見送るのに申し分ないだろう。

この本を書くことは、わたしの生まれとわたしの運命について考える強い動機になった。わたしが最も切望したことは、何かわたしよりも大きなものに属していると思うとき、一つの生態系になることだった。しかし、わたしたちが現代のテクノロジーを通じて経験している目の覚めるような意識の拡張のために、わたしたちは地球生物圏の全体を見たり聞いたりできると思う。世界は、わたしたちの隣近所だけでなく、今やわたしたちの共通の現実である。自然は現実の究極的な標準であり、これまでに明らかにされてきたことから、わたしは世界全体を真に別々ではない部品をもつ一つの生物として見ている。わたしは、わたしたちが知るような宇宙の最も雄大な、最大の、最も現実の、そして最も美しいものにつながりたい。それは地球の自然の生命である。わたしは、地球上の最大のショー、すなわち不滅の生命の仲間に加わりたい。

付記

この本を書くことは、生物学、自然保護、人間の起源、倫理について広い範囲にわたる探検をすることだった。Life Everlasting を出版することは、わたしの知識の誤りや弱点を明らかにしたが、数々の発見につながりもした。読んだ人は誤りや弱点を指摘し、わたしは発見に行き当たった。前者については、白状すると、この本のなかでわたしはクロバエ科（*Calliphoridae*）のハエ blowflies を「ヒツジバエ botflies」とよんだ。思い出す限り、以前はクロバエ科のハエを blowflies または bluebottle flies、greenbottle flies とよんでいたのだが、しかし一般読者向けの本の本文には、「blowflies」はくだけすぎていてたぶん不快なものに聞こえたし、「*Calliphoridae*」は専門的すぎるようにみえた。それでも、緑や青のガラスのように見えることから greenbottle flies（ヒロズキンバエ）、bluebottle flies（ヒツジキンバエ）と名付けられたハエは「ヒツジバエ botflies」ではない。（この語は、ヒツジバエ科 *Oestridae* のハエのためのものである。これらのハエの幼虫は内部寄生虫である）。〔訳注：日本語版では、原著の botflies を blowflies に訂正して訳した。〕

たぶん皮肉にも、わたしはクロバエ科のハエ（世界中に千種以上）について何も知らないにもかかわらず、Life Everlastingを書いた結果、この動物群に関するわたしたちの知識に科学的な貢献をしたと思う。それができたのは、わたしが期待をしていなかったからであり、好奇心に駆られて無邪気に悪戦苦闘したからである。まったく驚いたことに、この本が出版されてまもなく、クロバエ科のハエの幼虫（ウジ）が一頭のアライグマの死体を食べるのを観察していたとき、わたしは何万という小さな白いくねくね動く動物が一つのナメクジのような塊になってほぼ同時に死体を立ち去るのを見た。最も興味深いのは、それらの動物がほとんど同時に、そして一つの塊になって立ち去っただけでなく、同じ方向に行ったことである。それほど多くのウジが、明らかな、全員一致の目標をもつことができることは、わたしには奇跡のように見えた。そしてわたしは彼らの行動になんの理由も見ることができなかった。わたしは夢中になった。

見たところ奇跡的で神秘的なものについてほとんどお決まりのことだが、その現象は、答えがわかりその答えを理解したあとには、ほとんどありふれたものになる。わたしはここでは、ウジの神秘をすぐに読者にとってありふれたものにする危険を冒さないでおくが、クロバエ科のヒロズキンバエのウジの行動に関するわたしの研究の評者たちにとって、その神秘がまだ少なくとも少しは神秘的であることを願う。わたしはそれをクロバエ科のヒロズキンバエで観察した。わたしは自分の研究を『ノースイースタン・ナチュラリスト』誌に投稿しており、査読者たちがその価値を決めるだろう。同じように、無邪気さと部分的な知識が混ざり合った結果、もっと以前にシデムシを観察していたとき、わたしはもう一つの記述されていないメカニズムにぶつかった（本書ですでに述べられたように）。それは、いかに一つの種（モンシデムシ属トメントスス）の鮮やかなオレンジ色と黒の背中が瞬時に黄色に変わってマルハナバチの背中に擬態するか、だった。この観察は、拡大されて一つの研究になり、その後、先述の雑誌に発表された。

謝辞

本を書くことはわたしにとって未知の世界への冒険である。それはよく知っていることを出発点として、すなわち数えきれないほどの過去と現在の人々の経験、著作、影響から積み上げられた背景から始まる。わたしはそのすべてに正式に礼を言おうと望むことはけっしてできないかもしれない。とくに新しい洞察と情報を提供することにおいて重要だった人々を落とすのではないか、適切に礼を言っていないのではないかという心配がいつもある。わたしが望むことのできる最良のことは、わたしが最近会話をしたいくらかの人々を覚えていることである。そのなかで、スティーヴン・T・トランボ、デレク・S・サイクス、ジョン・C・アボット、アルフレッド・ニュートンに感謝したい。彼らはシデムシに関するわたしのたくさんの質問について親切にも助けてくれた。バーバラ・ソーン、ルドルフ・シェフラン、アリソン・ブロディはシロアリについての質問に答えてくれた。ベス・ローゼンバーグとトム・グリフィンはサケを含めることを提案し、寛大にもアラスカのよく見える場所にサケを観察するために招待してくれた。バズ・エドメデスには、昔の腐食性動物についてのわたしの見解をわたしとっては新しい方向に導いてくれたことに感謝したい。レイチェル・スモーカーは、工業的規模の伐採という文脈で木々のリサイクリングについて同様に導いてくれた。リチャード・エステスはアフリカの野生生物についての見解を述べてくれた。ウィリアム・ジョーダンとジャニス・ケイヒルは、引用文に目を向けさせてくれ、有用な提案をしてくれた。サンドラ・ディジクストラとエリゼ・カプロンには、このプロジェクトを通じてたえず関心をもち激励してくれたことに感謝したい。ペグ・アンダーソンには、詳細について細心で洞察力のある注意を払って道を滑らかにしてくれたことに感謝したい。最後に最も重要なことだが、ディーン・アーミーに心から感謝を述べたい。彼女は最初にこの本を見てくれて、最後まで通して賢明な助言とともにこの本を見てくれた。

訳者あとがき

本書は Bernd Heinrich, Life Everlasting: The Animal Way of Death, Houghton Mifflin Harcourt, 2012 (Mariner Books, 2013) の全訳である。著者のベルンド・ハインリッチはアメリカの動物学者である。原著の副題に The Animal Way of Death とあるとおり、「動物の死に方」をテーマにした、一風変わった本である。これまでに（人間以外の）動物の「生き方」を描いた書物は数多くあるが、「死」に焦点をあてたものは珍しい。その点でまず、本書はユニークである。

そこに描かれているのは、死んだ動物（あるいは植物）が自然の中ではどう「処理」されて、最終的にどうなるのかという物語、言い換えれば、生物の死をめぐるナチュラルヒストリーである。そこでは、主に死んだ動物を探して食べる、「腐食性動物」といわれる動物たちが活躍する。

たとえば、マウスなどの死体には、シデムシたちが集まってくる。そのうちのモンシデムシ属の一種は、死体をペアで運んで適当な場所で土の中に埋めて球状に丸め、将来の幼虫のえさにするという。リスの死体には、ワタリガラスやコンドルもやって来る。もっと大きな死体、たとえばシカなどの死体があれば、コヨーテ、コンドル、ワタリガラス、そして昆虫たちと、たくさんの動物がそれを利用する。そこには一種の「役割分担」があって、大きな力の強い動物がまず死体を切り開いて食べ、その後をより小さな動物たち、自分では死体を切り開けない動物たちが順に利用する。こうして数週間後には、その死体はほとんど骨と皮だけになる。

著者の探検は、さらにアフリカの糞虫、海中のクジラの死体、枯れた木をえさとする昆虫や真菌、そして初期のヒト科動物あるいはその祖先にまでおよぶ。そこで繰り広げられるのは、いわば動物学的な「輪廻転生」の図である。自然の中では、どんな死体も他の生物によって利用されて、次の世代に生かされる。そうして、生物の世界は生から死へ、死から生へとつながって、循環している。それなら、人間もその一環であるべきではないだろうか。動物学者である著者は、じつは現代の人間の生き方／死に方を問うている。

著者がこの本を書いたきっかけは、冒頭に引用されている、一人の友人からの手紙だという。そこには、現代のアメリカで一般に行われる、自然と隔離された、「工業的な」埋葬への疑問、それが生物としての人間の最後にふさわしいものだろうかという疑問が書かれている。（葬儀bookというウェブサイト（http://sogi-book.com/kasou-dosou.html）によれば、アメリカでは七〇％が土葬、三〇％が火葬。日本では九九・九％が火葬。アメリカの火葬は焼却温度が日本より高く、遺骨の形は残らないという。）

わたしは訳者としてこの本を読んで、現代のアメリカらしい話だという印象をもったのだが、考えてみれば、現在の日本でも共通の問題がありそうである。日本人は自然と共存して生きる文化をもっている、とよく言われるが、現代の日本に生きるわたしたちが果たして日常的にそのような生活をしているかは、大いに疑問だからである。ここで、生物の世界からわたしたち自身を見直してみるのも、いいかもしれない。

本書には、なんと三百種以上の生物が登場するが、その中には和名がないものも多く含まれている。そのため、多くの生物種名は学名（ラテン名）のカタカナ転記で表記した。いくつかのアメリカの動物については、原文で使われているアメリカでの一般的な英語俗称をそのままカタカナ転記して用いた。具体的には、エルク、ムース、バッファローである。これらの英語の名称は、アメリカとヨーロッパで異なる動物を指し、和名でも紛らわしいからである。原文中のvultureという名称は、英語ではハゲワシとコンドルの両方を指して使われるが、日本語では一語で対応する語がないため、訳文では、文脈からハゲワシを指す場合は「ハゲワシ」、コンドルを指す場合は「コンドル」、両方を含めている場合は「ハゲワシ・コンドルの仲間」あるいは「ハゲワシやコンドル」とした。

本文中には、生物学、人類学などの仮説が多く引用されているが、これらの仮説が翻訳の時点で最新のものであるかどうかは、確認していない。著者が原著を執筆した時点でそのように認識していたと理解していただきたい。

聖書からの引用文については、訳文では『聖書新共同訳』（日本聖書協会、一九八七、一九八八）の日本語訳の該当部分をそのまま引用した。

　本文中には、所々にわかりにくい英語表現があったが、それらの箇所については、幸いにも著者に直接質問することができた。それに対しててていねいに答えてくださった著者のベルンド・ハイリッチ氏に厚くお礼を申し上げる。

　先述のように、本書には古生物も含めて三百種以上の生物が登場する。そのため、翻訳にあたっては、多くの方々に助けていただいた。とくに沼田英治氏には、生物名全般ならびに動物学の専門用語について、こまかいところまで助けていただいた。ここに私の心よりの感謝の意を表したい。佐藤宏明氏には、糞虫名についてアドバイスをいただいた。梶田学氏には、鳥名について教えていただいた。ここに厚くお礼を申し上げる。そのほかにも、たくさんの方々に内容や訳語についてのアドバイスをいただいた。ここに改めて謝意を表する。ただし、訳文の誤りはすべてわたしの責任である。

　最後に、本書の翻訳の機会を与えてくださり、最後までていねいに編集作業をしてくださった化学同人編集部の後藤南氏にお礼を申し上げて、訳者の言葉としたい。

二〇一六年七月

桃木暁子

索　引

欧　文

ア　行

カ　行

サ　行

タ 行

ナ　行

ハ　行

マ　行

ヤ　行

ラ　行

ワ　行

参考文献

以下にあげる文献の多く、とくに一次研究論文を含まない文献は、任意に選んだものである。わたしは、関連する文献すべてを概観するようなリストを示そうとは思わない。そのようなリストは、何千という参考文献を含むことだろう。そのかわり、わたしが役に立っておもしろいと思う情報源のささやかなリストを通して、それぞれの話題への手引きを提供できればと思う。

■マウスを埋葬する甲虫

シデムシの一般生物学

Fetherston, I. A., M. P. Scott, and J.F.A. Traniello. Parental care in burying beetles: the organization of male and female brood-care behavior. *Ethology* 85 (1990): 177–190.

Majka, C. G. The Silphidae (Coleoptera) of the Maritime Provinces of Canada. *Journal of the Acadian Entomological Society* 7 (2011): 83–101.

Milne, L. J., and M. J. Milne. Notes on the behavior of burying beetles (*Nicrophorus* spp.). J*ournal of the New York Entomological Society* 52 (1944): 311–327.

———. The social behavior of burying beetles. *Scientific American* 235 (1976): 84–89.

Scott, M. P. Competition with flies promotes communal breeding in the burying beetle, *Nicrophorus tomentosus*. *Behavioral Ecology and Sociobiology* 34, no.5 (1994): 367–373.

———. Reproductive dominance and diff erential avicide in the communally breeding burying beetle, *Nicrophorus tomentosus*. *Behavioral Ecology and Sociobiology* 40, no. 5 (1997): 313–320.

———. The ecology and behavior of burying beetles. *Annual Review of Entomology* 43 (1998): 595–618.

Sikes, D. S., S. T. Trumbo, and S. B. Peck. Silphidae: large carrion and burying beetles. Tree of Life Web Project, http://tolweb.org (2005).

Trumbo, S. T. Regulation of brood size in a burying beetle, Nicrophorus tomentosus (Silphidae). *Journal of Insect Behavior* 3 (1990): 491–500.

———. Reproductive benefi ts and duration of parental care in a biparental burying beetle, *Nicrophorus orbicollis*. *Behaviour* 117 (1991): 82–105.

昆虫の飛翔の力学と甲虫の飛翔

Dudley, R. *The Biomechanics of Insect Flight*. Princeton, N.J.: Princeton University Press, 2000.

Schneider, P. Die Flugtypen der Käfer (Coleoptera). *Entomologica Germanica* 1, nos. 3/4 (1975): 222–231.

色と擬態

Anderson, T., and A. J. Richards. An electron microscope study of the structural colors of insects. *Journal of Applied Physiology* 13 (1942): 748–758.

Bagnara, J. *Chromatophores and Color Change*. Upper Saddle River, N.J.: Prentice-Hall, 1973.

Brower, L. P., J.V.Z. Brower, and P. W. Wescott. Experimental studies of mimicry, V: The reactions of toads (*Bufo terrestris*) to bumblebees (*Bombus americanum*) and their robberfly mimics (*Mallophora bomboides*) with a discussion of aggressive mimicry. *American Naturalist* 94 (1960): 343–355.

Cott, E. *Adaptive Colouration in Animals*. London: Methuen, 1940.

Evans, D. L., and G. P. Waldbauer. Behavior of adult and naïve birds when presented with a bumblebee and its mimics. *Zeitschrift fur Tierpsychologie* 59 (1982): 247–259.

Fisher, R. M., and R. D. Tuckerman. Mimicry of bumble bees and cuckoo bees by carrion beetles (Coleoptera: Silphidae). *Journal of the Kansas Entomological Society* 59 (1986): 20–25.

Heinrich, B. A novel instant color change in a beetle, *Microphorus tomentosus* Weber (Coleoptera: Silphidae). *Northeastern Naturalist* (in press).

Hinton, H. E., and G. M. Jarman. Physiological color change in the Hercules beetle. *Nature* 238 (1972): 160–161.

Lane, C., and M. A. Rothschild. A case of Muellerian mimicry of sound. *Proceedings of the Royal Entomological Society London A* 40 (1965): 156–158.

Prum, R. O., T. Quinn, and R. H. Torres. Anatomically diverse butterfly scales all produce structural colors by coherent scattering. *Journal of Experimental Biology* 209 (2006): 748–765.

Ruxton, G. D., T. N. Sherrett, and M. P. Speed. *Avoiding Attack: The Evolutionary Ecology of Crypsis, Warning Signals, and Mimicry*. New York: Oxford University Press, 2005.

Wickler, W. *Mimicry in Plants and Animals*. New York: McGraw-Hill, 1968. 『擬態

――自然も嘘をつく』羽田節子 訳（平凡社）

マルハナバチの色パターン

Heinrich, B. *Bumblebee Economics*. Cambridge: Harvard University Press, 1979; rev. ed., 2004. 『マルハナバチの経済学』井上民二 監訳（文一総合出版）

Marshall, S. A. *Insects: Their Natural History and Diversity.* Buffalo, N.Y.: Firefly Books, 2006. 昆虫一般についてはとくにこの本を薦める。

Plowright, R. C., and R. E. Owen. The evolutionary significance of bumblebee color patterns: a mimetic interpretation. *Evolution* 34 (1980): 622–637.

■一頭のシカの送別

法医昆虫学

Byrd, J. H., and J. L. Castner. *Forensic Entomology: The Utility of Arthropods in Legal Investigation*. Boca Raton, Fla.: CRC Press, 2001.

Dekeirsschieter, J., et al. Carrion beetles visiting pig carcasses during early spring in urban, forest and agricultural biotopes of Western Europe. *Journal of Insect Science* 11, no. 73 (2011).

■究極のリサイクル業者――世界を作り直す

アフリカ

Akeley, Carl. *In Brightest Africa.* Garden City, N.Y.: Doubleday, Page, 1923.

Huxley, Elspeth. *The Mottled Lizard*. London: Chatto & Windus, 1982.

van der Post, Laurens. *The Lost World of the Kalahari.* Middlesex, England: Penguin, 1958. 『カラハリの失われた世界』佐藤佐智子 訳（ちくま文庫）

Roosevelt, Theodore. *African Game Trails*. New York: Charles Scribner's Sons, 1910.

Thomas, Elizabeth Marshall. *The Old Way: A Story of the First People*. New York: Picador, 2006.

ゾ ウ

Joubert, Derek, and Beverly Joubert. *Elephants of Savuti.* National Geographic film.

Leuthold, W. Recovery of woody vegetation in Tsavo National Park, Kenya, 1970–1994. *African Journal of Ecology* 34, no. 2 (2008): 101–112.

Power, R. J., and R.X.S. Camion. Lion predation on elephants in the Savuti, Chobe

National Park, Botswana. *African Zoology* 44 (2009): 36–44.

狩　猟

Digby, Bassett. *The Mammoth and Mammoth Hunting in Northeast Siberia*. New York: Appleton, 1926.

Heinrich, B. *Why We Run: A Natural History*. New York: Harper Collins, 2001. 『人はなぜ走るのか』鈴木豊雄 訳（清流出版）

Jablonski, N. G. The naked truth. *Scientific American*, Feb. 2010: 42–49.

Lieberman, Daniel E., and Dennis M. Bramble. The evolution of marathon running: capabilities in humans. *Sports Medicine* 37 (2007): 288–290.

Peterson, Roger T., and James Fisher. *Wild America*. Boston: Houghton Mifflin, 1955.

Potts, Richard. *Early Hominid Activities at Olduvai*. New Brunswick, N.J.: Transaction Publishers, 1988.

Stanford, Craig B. *The Hunting Apes: Meat Eating and the Origins of Human Behavior*. Princeton, N.J.: Princeton University Press, 1999. 『狩りをするサル』瀬戸口美恵子・瀬戸口烈司 訳（青土社）

捕　食

Darwin, Charles. "Diary of the Voyage of the H.M.S. *Beagle*." In *The Life and Letters of Charles Darwin*, ed. Francis Darwin. London: D. Appleton, 1887. 『新訳ビーグル号航海記 上・下』荒俣宏 訳（平凡社）ほか

Schaller, George B. *Serengeti Lion: A Study of Predator-Prey Relations*. Chicago: University of Chicago Press, 1972. 『セレンゲティライオン 上・下』小原秀雄 訳（思索社）

Schaller, George G. and Gordon R. Lowther. The relevance of carnivore behavior to the study of early hominids. *Southwestern Journal of Anthropology* 25 (1969): 307–41.

Schüle, Wilhelm. Mammals, vegetation and the initial human settlement of the Mediterranean islands: a palaeological approach. *Journal of Biogeography* 20 (1993): 399–412.

Stolzenberg, William. *Where the Wild Things Were: Life, Death, and Ecological Wreckage in a Land of Vanishing Predators*. New York: Bloomsbury, 2008. 『捕食者なき世界』野中香方子 訳（文春文庫）

Strum, Shirley C. Processes and products of change: baboon predatory behavior at Gilgil, Kenya. In *Omnivorous Primates*, ed. R. S. O. Harding and G. Teleki. New York: Columbia University Press, 1981.

武　器

Guthrie, R. Dale. *The Nature of Paleolithic Art*. Chicago: University of Chicago Press, 2005.

Lepre, C. J., et al. An earlier origin for the Acheulian. *Nature* 477 (2011): 82–85.

Thieme, Hartmund. Lower Paleolithic hunting spears in Germany. *Nature* 385 (1997): 807–810.

過剰殺戮説

Edmeades, Baz. *Megafauna — First Victims of the Human-Caused Extinctions* (www.megafauna.com, 2011).　人間の死体あさりと狩猟、たとえばゾウ狩りなどについての議論は、第 13 章を参照。

Fiedel, Stuart, and Gary Haynes. A premature burial: comments on Grayson and Meltzer's "Requiem for overkill." *Journal of Archaeological Science* 31 (2004): 121–131.

Martin, P. S. Prehistoric overkill. In *Pleistocene Extinctions: The Search for a Cause*, ed. P. S. Martin and H. E. Wright. New Haven: Yale University Press, 1967.

———. Prehistoric overkill: a global model. In *Quaternary Extinctions: A Prehistoric Revolution*, ed. P. S. Martin and R. G. Klein. Tucson: University of Arizona Press, 1989, pp. 354–404.

Surovell, T. A., N. M. Waguespack, and P. J. Brantingham. Global evidence for proboscidean overkill. *Proceedings of the National Academy of Sciences* 102 (2005): 6231–6336.

■北の冬――鳥たちにとって

ワタリガラス概観

Boarman, B., and B. Heinrich. Common raven (*Corvus corax*). In *Birds of North America*, no. 476, ed. A. Poole and F. Gill, pp. 1–32.Philadelphia: Academy of Natural Sciences, 1999.

Heinrich, B. Sociobiology of ravens: conflict and cooperation. *Sitzungberichte der Gesellschaft Naturforschender Freunde zu Berlin* 37 (1999): 13–22.

———. Conflict, cooperation and cognition in the common raven. *Advances in the Study of Behavior* 42 (2011).

ワタリガラスの死体あさり

Heinrich, B. Dominance and weight-changes in the common raven, *Corvus corax. Animal Behaviour* 48 (1994): 1463–1465.

——— . Winter foraging at carcasses by three sympatric corvids, with emphasis on recruitment by the raven, *Corvus corax. Behavioral Ecology and Sociobiology* 23 (1988): 141–156.

Heinrich, B., et al. Dispersal and association among a "flock" of common ravens, *Corvus corax. The Condor* 96 (1994): 545–551.

Heinrich, B., J. Marzluff , and W. Adams. Fear and food recognition in naive common ravens. *The Auk* 112, no. 2 (1996): 499–503.

Heinrich, B., and J. Pepper. Influence of competitions on caching behavior in the common raven, *Corvus corax. Animal Behaviour* 56 (1998): 1083–1090.

Marzluff , J. M., and B. Heinrich. Foraging by common ravens in the presence and absence of territory holders: an experimental analysis of social foraging. *Animal Behaviour* 42 (1991): 755–770.

Marzluff , J. M., B. Heinrich, and C. S. Marzluff. Roosts are mobile information centers. *Animal Behaviour* 51 (1996): 89–103.

ワタリガラスの知能、認知およびコミュニケーション

Bugnyar, T., and B. Heinrich. Hiding in food-caching ravens, *Corvus corax. Review of Ethology*, Suppl. 5 (2003): 57.

——— . Food-storing ravens, *Corvus corax*, differentiate between knowledgeable and ignorant competitors. *Proceedings of the Royal Society London B* 272 (2005): 1641–1646.

——— . Pilfering ravens, *Corvus corax*, adjust their behaviour to social context and identity of competitors. *Animal Cognition* 9 (2006): 369–376.

Bugnyar, T., M. Stoewe, and B. Heinrich. Ravens, *Corvus corax*, follow gaze direction of humans around obstacles. *Proceedings of the Royal Society London B* 271 (2004): 1331–1336.

——— . The ontogeny of caching behaviour in ravens, *Corvus corax. Animal Behaviour* 74 (2007): 757–767.

Heinrich, B. Does the early bird get (and show) the meat? *The Auk* 111 (1994): 764–769.

——— . Neophilia and exploration in juvenile common ravens, *Corvus corax. Animal Behaviour* 50 (1995): 695–704.

———. An experimental investigation of insight in common ravens, *Corvus corax*. *The Auk* 112 (1995): 994–1003.

———. Planning to facilitate caching: possible suet cutting by a common raven. *Wilson Bulletin* 111 (1999): 276–278.

Heinrich, B., and T. Bugnyar. Testing problem solving in ravens: string-pulling to reach food. *Ethology* 111 (2005): 962–976.

———. Just how smart are ravens? *Scientific American* 296, no. 4 (2007): 64–71.

Heinrich, B., and J. M. Marzluff. Do common ravens yell because they want to attract others? *Behavioral Ecology and Sociobiology* 28 (1991): 13–21.

Heinrich, B., J. M. Marzluff, and C. S. Marzluff. Ravens are attracted to the appeasement calls of discoverers when they are attacked at defended food. *The Auk* 110 (1993): 247–254.

Parker, P. G., et al. Do common ravens share food bonanzas with kin? DNA fingerprinting evidence. *Animal Behaviour* 48 (1994): 1085–1093.

ワタリガラスとオオカミ

Stahler, D. R., B. Heinrich, and D. W. Smith. The raven's behavioral association with wolves. *Animal Behaviour* 64 (2002): 283–290.

ハゲワシやコンドルの集団

Wilbur, S. R., and J. A. Jackson, eds. *Vulture Biology and Management*. Berkeley: University of California Press, 1983.　この本は40人の執筆者によるもので、ハゲワシ・コンドルの仲間についての最終的な見解を述べ、「今日これらの鳥について知られていることを具体的に表現した」ものと言われている。

環境およびハゲワシ・コンドルに有害な毒素

Albert, C. A., et al. Anticoagulant rodenticides in three owl species from Western Canada. *Archives of Environmental Contamination and Toxicology* 58 (2010): 451–459.

Layton, L. Use of potentially harmful chemicals kept secret under law. *Washington Post*, Jan. 4, 2010.

Magdoff, F., and J. B. Foster. What every environmentalist needs to know about capitalism. *Monthly Review* 61, no. 10 (2010): 11–30.

Peterson, Roger T., and James Fisher. *Wild America*. Boston: Houghton Mifflin, 1955, p. 301.

ハゲワシのギルド

Houston, D. C. Competition for food between Neotropical vultures in forest. *Ibis* 130, no. 3 (1988): 402–414.

Kruuk, H. J. Competition for food between vultures in East Africa. *Ardea* 55 (1967): 171–193.

Lemon, W. C. Foraging behavior of a guild of Neotropical vultures. *Wilson Bulletin* 103, no. 4 (1991): 698–702.

Wallace, M. P., and S. A. Temple. Competitive interactions within and between species in a guild of avian scavengers. *The Auk* 104 (1987): 290–295.

ハゲワシの減少

Gilbert, M. G., et al. Vulture restaurants and their role in reducing Diclofenec exposure in Asian vultures. *Bird Conservation International* 17 (2007): 63–77.

Green, R. E., et al. Diclofenac poisoning as a cause of vulture population declines across the Indian subcontinent. *Journal of Applied Ecology* 41 (2004): 793–800.

Markandya, A., et al. Counting the cost of vulture decline—an appraisal of human health and other benefits of vultures in India. *Ecological Economics* 67, no. 2 (2008): 194–204.

Prakash, V., et al. Catastrophic collapse of Indian white-backed *Gyps bengalensis* and long-billed *Gyps indicus* vulture populations. *Biological Conservation* 19, no. 3 (2003): 381–390.

———. Recent changes in populations of resident *Gyps* vultures in India. *Journal of the Bombay Natural History Society* 104, no. 2 (2007): 129–135.

Swan, G. E., et al. Toxicity of Diclofenac to *Gyps* vultures. *Biology Letters* 2, no.2 (2006): 279–282.

■生命の木々

キノコ

真菌の種類は数えきれないほどあるが、それらの同定については数多くのすぐれた書物や手引きがあり、たいていカラーの挿絵が入り写真が添えられている。わたしのお気に入りのうちいくつかを以下にあげる。それらは41種類の科のキノコの写真が何千枚と添えられている。

Laessoe, T., A. Del Conte, and G. Lincoff. *The Mushroom Book: How to Identify, Gather, and Cook Wild Mushrooms and Other Fungi*. New York: DK Publishing,

1996.

Phillips, R. *Mushrooms of North America*. Boston: Little, Brown, 1991.

Roberts, P., and S. Evans. *The Book of Fungi: A Life-Size Guide to Six Hundred Species from Around the World*. Chicago: University of Chicago Press, 2011. 『世界きのこ大図鑑』斉藤隆央 訳（東洋書林）

Stamets, Paul. *Mycelium Running: How Mushrooms Can Save the World*. New York: Ten Speed Press, 2005.

木々の腐敗

Dreistadt, S. H., and J. K. Clark. *Pests of Landscape Trees and Shrubs: An Integrated Pest Management Guide*, 2nd ed. Davis, CA: University of California Agriculture and Natural Resources, 2004.

Hickman, G. W., and E. J. Perry. T*en Common Wood Decay Fungi in Landscape Trees: Identification Handbook*. Sacramento: Western Chapter, ISA, 2003.

Parkin, E. A. The digestive enzymes of some wood-boring beetle larvae. *Journal of Experimental Biology* 17 (1940): 364–377.

Shortle, W. C., J. A. Menge, and E. B. Cowling. Interaction of bacteria, decay fungi, and live sapwood in discoloration and decay of trees. *Forest Pathology* 8 (1978): 293–300.

ハナムグリ

Peter, C. I., and S. D. Johnson. Pollination by flower chafer beetles in *Eulophia ensata and Eulophia welwitchie* (Orchidacea). *South African Journal of Botany* 75 (2009): 762–770.

立ち枯れの木の利用

Evans, Alexander M. *Ecology of Dead Wood in the Southeast* (www .forestguild.org/SEdeadwood.htm), 2011.　この科学的な総括は、環境防衛基金によって資金援助されたもので、約 200 の参考文献を含む。

Kalm, Peter. *The America of 1750: Peter Kalm's Travels in North America*, vol. 1. Trans. from Swedish, ed. Adolph B. Benson. New York: Dover, 1937.

Kilham, L. Reproductive behavior of yellow-bellied sapsuckers. I. Preferences for nesting in *Fomes*-infected aspens and nest hole interrelations with flying squirrels, raccoons, and other animals. *Wilson Bulletin* 83, no. 2 (1971): 159–171.

Schmidt, M. M. I. et al. Persistence of soil organic matter as an ecosystem property.

Nature 478 (2011): 49–56.

糞を食べる者

Bartholomew, G. A., and B. Heinrich. Endothermy in African dung beetles during flight, ball making, and ball rolling. *Journal of Experimental Biology* 73 (1978): 65–83.

Edwards, P. B., and H. H. Aschenbourn. Maternal care of a single offspring in the dung beetle *Kheper nigroaeneus*: consequences of extreme parental investment. *Journal of Natural History* 23 (1975): 17–27.

Hanski, Ilkka, and Yves Cambefort, eds. *Dung Beetle Ecology*. Princeton, N.J.: Princeton University Press, 1990.　糞虫生物学の概観と再考察。糞虫の世界的な分布、分類学、生態学、ナチュラルヒストリーに関して複数の著者によって書かれたもの。

Heinrich, B., and G. A. Bartholomew. The ecology of the African dung beetle. *Scientific American* 241, no. 5 (1979): 146–156.

———. Roles of endothermy and size in inter- and intraspecific competition for elephant dung in an African dung beetle, *Scarabaeus laevistriatus*. *Physiological Zoology* 52 (1978): 484–494.

Ybarrondo, B. A., and B. Heinrich. Thermoregulation and response to competition in the African dung ball-rolling beetle *Kheper nigroaeneus* (Coleoptera: Scarabaeidae). *Physiological Zoology* 69 (1996): 35–48.

種子の分散者としてのゾウ

Campos-Arceiz, A., and S. Black. Megagardeners of the forest — the role of elephants in seed dispersal. *Acta Oecologica* (in press).

古代の腐食性甲虫

Chin, Karen, and B. D. Gill. Dinosaurs, dung beetles, and conifers: participants in a Cretaceous food web. *Palaios* 11, no. 3 (1996): 280–285.

Duringer, P., et al. First discovery of fossil brood balls and nests in the Chadian Pliovene Australopithecine levels. *Lethaia* 33 (2000): 277–284.

Grimaldi, D., and M. S. Engel. *Evolution of the Insects*. Cambridge, UK: Cambridge University Press, 2005.

Kirkland J. I., and K. Bader. Insect trace fossils associated with *Protoceratops* carcasses in the Djadokhta Formation (Upper Cretaceous), Mongolia. In *New Perspectives on*

Horned Dinosaurs: The Royal Tyrell Museum Ceratopsian Symposium, ed. M. J. Ryan, B. J. Chinnery-Allgeier, and D. A. Eberth, pp. 509–519. Bloomington: Indiana University Press, 2010.

甲虫と生物防除

Bornemissza, G. F. An analysis of arthropod succession in carrion and the effect of its decomposition on the soil fauna. *Australian Journal of Zoology* 5 (1957): 1–12.

Michaels, K., and G. F. Bornemissza. Effects of clearfell harvesting on lucanid beetles (Coleoptera: Lucanidae) in wet and dry sclerophyll forests in Tasmania. *Journal of Insect Conservation* 3 (1999): 85–95.

Queensland Dung Beetle Project. Improving sustainable management systems in Queensland using beetles: final report of the 2001/2002 Queensland Dung Beetle Project (2002).

Sanchez, M. V., and J. F. Genise. Cleptoparasitism and detritivory in dung beetle fossil brood ball from Patagonia, Argentina. *Paleontology* 52 (2009): 837–848.

■サケの死から生へ

サケとサイクリング（循環）

Hill, A. C., J. A. Stanford, and P. R. Leavitt. Recent sedimentary legacy of sockeye salmon (*Oncorhynchus nerka*) and climate change in an ultraoligotrophic, glacially turbid British Columbia nursery lake. *Canadian Journal of Fisheries and Aquatic Sciences* 66 (2009): 1141–1152.

Morris, M. R., and J. A. Stanford. Floodplain succession and soil nitrogen accumulation on a salmon river in southwestern Kamchatka. *Ecological Monographs* 81 (2011): 43–61.

Troll, Ray, and Amy Gulick. *Salmon in the Trees: Life in Alaska's Tongass Rain Forest*. Seattle: Braided River (Mountaineers Books), 2010.

■他のいろいろな世界

白　亜

Huxley, Leonard. *The Life and Letters of Thomas Henry Huxley*. New York: D. Appleton, 1901.

Huxley, T. H. On a piece of chalk. In *The Book of Naturalists*, ed. William Beebe.

Princeton, N.J.: Princeton University Press, 1901.

クジラ落下物

Little, Crispin T. S. The prolific afterlife of whales. *Scientific American* (Feb. 2010): 78–84.

Smith, Craig R., and Amy R. Baco. Ecology of whale falls at the deep-sea floor. In *Oceanography and Marine Biology: An Annual Review* 41 (2003): 311–354, ed. R. N. Gibson and R. J. A. Atkinson.

熱水噴出孔

Cavanaugh, Colleen M., et al. Prokaryotic cells in the hydrothermal vent tube worm *Riftia pachyptila* Jones: possible chemoautotrophic symbionts. *Science* 213 (1981): 340–342.

■新しい人生へ、そして新しい生命たちへの変態

変　態

Ryan, Frank. *The Mystery of Metamorphosis: A Scientific Detective Story*. White River Junction, Vt.: Chelsea Green, 2011.

Truman, J. W., and L. M. Riddiford. The origin of insect metamorphosis. *Nature* 401 (1999): 447–452.

Wigglesworth, V. B. The *Physiology of Insect Metamorphosis*. Cambridge, UK: Cambridge University Press, 1954.

Williams, C. M. The juvenile hormone of insects. *Nature* 178 (1956): 212–213.

スズメガ

Kitching, I. J., and J. M. Cadiou. *Hawkmoths of the World*. Ithaca, N.Y.: Cornell University Press, 2000.

幼　虫

Williamson, D. I. *The Origin of Larvae*. Boston: Kluwer Academic, 2003.

———. Hybridization in the evolution of animal form and life-cycle. *Zoological Journal of the Linnaean Society* 148 (2006): 585–602.

信仰、埋葬、そして不滅の生命

Cambefort, Y. Le scarabee dans l'Egypte ancienne: origin et signification du symbole. *Revue de l'Histoire des Religions* 204 (1978): 3–46.

Robinson, A. How to behave beyond the grave. *Nature* 468 (2010): 632–633.

Schütz, E. Berichte über Geier als Aasfresser aus den 18. und 19. Jahrhundert. *Anzeiger der Ornithologischen Gesellschaft Bayern* 7 (1966): 736–738.

Schütz, Ernst, and Claus König. Old World vultures and man. In *Vulture Biology and Management*, ed. S. R. Sanford and A. L. Jackson. Berkeley: University of California Press, 1983, pp. 461–469.

チベットの習慣

Hedin, S. *Transhimalaya*, vol. 1. Leipzig: Brockhaus, 1909.

Schafer, E. Ornithologische Forschungsergebnisse zweier Forschungsreisen nach Tibet. *Journal fur Ornithologie* 86 (1938): 156–166.

Taring, R. D. 1872. *Ich Bin Eine Tochter Tibets: Leben im Land der vertriebenen Gotter*. Hamburg: Marion von Schroder, 1872.

新石器時代のハゲワシ崇拝

Lewis-Williams, D., and D. Pearce. *Inside the Neolithic Mind: Consciousness, Cosmos and the Realm of the Gods*, pp. 116–117. London: Thames and Hudson, 2003.

Mellaart, J. *Çatal Hüyük, a Neolithic Town in Anatolia*. London: Thames and Hudson, 1967.

Mithen, Steven. *After the Ice: A Global Human History 20,000–5,000 bc*. Cambridge: Harvard University Press, 2004.

Selvamony, N. Sacred ancestors, sacred homes. In *Moral Ground: Ethical Action for a Planet in Peril*, ed. K. D. Moore and M. P. Nelson. San Antonio, Tex.: Trinity University Press, 2010, pp. 137–140.

■訳 者

桃木 暁子（ももき あきこ）

東北大学理学部生物学科卒業。フランス系化学企業勤務ののち、京都大学理学部研修員、総合地球環境学研究所准教授などをへて、現在、京都精華大学および長浜バイオ大学にて非常勤講師をつとめる。科学・技術翻訳者としても活動。訳書に、『ヒューマン・エソロジー』（共訳、ミネルヴァ書房）、『動物の歴史』（みすず書房）、『環境の歴史』（共訳，みすず書房）、『プリオン病とは何か』（白水社）など、著書に、『子どもたちに語るこれからの地球』（共著，講談社）など。

生から死へ、死から生へ
生き物の葬儀屋たちの物語

2016年8月20日 第1刷 発行

訳 者 桃木 暁子
発行者 曽根 良介
発行所 （株）化学同人

〒600-8074 京都市下京区仏光寺通柳馬場西入ル
編集部 TEL 075-352-3711 FAX 075-352-0371
営業部 TEL 075-352-3373 FAX 075-351-8301
振 替 01010-7-5702
E-mail webmaster@kagakudojin.co.jp
URL http://www.kagakudojin.co.jp

印刷・製本 シナノパブリッシングプレス（株）

検印廃止

ISBN978-4-7598-1822-2